“互联网+”新形态信息化教材
“Internet Plus”New-form Informatization Textbook

人工智能
通识教程

主　编◎徐保玺　孙中诺

天津大学出版社
TIANJIN UNIVERSITY PRESS

内容介绍

本书是一本面向多阶段读者的实用指南，旨在帮助读者系统地掌握人工智能的核心知识与实践技能。本书从基础概念切入，由浅入深，涵盖 Python 编程、机器学习、深度学习等关键技术，并融入大模型交互、AIGC 数字人播报等前沿应用。通过构建客户细分模型、鸢尾花分类、制作演示文稿等丰富的案例与实践项目，读者能够轻松地理解复杂技术，提升动手能力。本书注重理论与实践相结合，兼顾技术应用与伦理思考，既适合高校学生及广大人工智能爱好者研习，也为创新思维与跨学科能力的培养提供了有力支撑。

图书在版编目（CIP）数据

人工智能通识教程 ："互联网+"新形态信息化教材 / 徐保玺，孙中诺主编. -- 天津 ：天津大学出版社，2025. 7. -- ISBN 978-7-5618-8066-1

Ⅰ. TP18

中国国家版本馆CIP数据核字第202561XK16号

RENGONG ZHINENG TONGSHI JIAOCHENG

出版发行　天津大学出版社
地　　址　天津市卫津路92号天津大学内（邮编：300072）
电　　话　发行部：022-27403647
网　　址　www.tjupress.com.cn
印　　刷　廊坊市海涛印刷有限公司
经　　销　全国各地新华书店
开　　本　787mm×1092mm　1/16
印　　张　12.5
字　　数　340千
版　　次　2025年7月第1版
印　　次　2025年7月第1次
定　　价　49.80元

《人工智能通识教程》编委会

主　编：徐保玺　孙中诺

副主编：赵相阳　董　娜　王　威　韩凤云　赵亚楠　张梦瑶

参　编：张　玲　蔺寿强　宋志童　王雅晴　宋芷莹　许懿潇

高　洁　刘　颖　孙玉鑫　张卫瑶　陈　健　魏绍磊

前言

Preface

在科技飞速发展的当下，人工智能正以前所未有的态势重塑着社会的各个领域，成为推动时代进步的核心驱动力。《教育强国建设规划纲要（2024—2035 年）》明确指出，教育作为国之大计、党之大计，必须主动顺应科技革命与产业变革的浪潮，深度融合新兴技术，为国家培养具备创新能力与国际竞争力的高素质人才。人工智能通识教育正是这一时代背景下教育改革与创新的关键着力点。

从国家战略层面审视，人工智能已上升为国家发展的重要战略方向。国务院发布的《新一代人工智能发展规划》为人工智能的长远发展确立了目标，而教育部出台的《高等学校人工智能创新行动计划》则进一步从专业设置、人才培养等多个维度，为人工智能人才的培育进行了全面布局。在教育强国建设的宏伟蓝图中，人工智能通识教育肩负着提升全民科技素养、培养创新型人才的重任，是实现教育现代化、推动科技自立自强的重要支撑。它不仅有助于打破学科壁垒，促进学科间的交叉融合，更能激发学生的创新思维，为国家的科技创新注入源源不断的活力。

2025 年 5 月 12 日，教育部发布的《中小学人工智能通识教育指南（2025 年版）》（以下简称《指南》），为基础教育阶段的人工智能教育指明了方向。《指南》以提升学生核心素养为导向，遵循学生成长规律与教育教学规律，构建了分层递进、螺旋上升的教育体系。小学阶段，着重通过趣味化的方式，如与智能设备互动，激发学生对人工智能的兴趣，使其初步感知语音识别、图像分类等基础技术，建立起对技术的认知雏形；初中阶段，逐步引导学生深入理解机器学习的基本流程和监督学习等概念，培养其运用人工智能技术解决实际问题的能力，形成“需求分析—技术适配—效果评估”的工程思维；高中阶段，进一步强化学生对生成式人工智能等前沿技术的理解，以及对这些技术在国家战略中的重要作用的认知，鼓励学生构建简易人工智能算法模型，在跨学科的创新实践中培养系统思维，树立正确的技术价值观与社会责任感。

步入高等教育阶段，人工智能通识教育同样意义非凡。随着人工智能与医疗、金融、教育、艺术等各个领域的深度融合，其已成为各领域不可或缺的“基础设施”。麦肯锡预测，到 2030 年全球将有 8 亿个工作岗位被人工智能替代，而与此同时，人工智能相关岗位需求将激增 200%。这一数据深刻揭示了高校调整人才培养方向，加强人工智能通识教育的紧迫性与必要性。高校若不能及时顺应这一趋势，将会导致“教育供给”与“产业需求”结构性失衡。诸多高校已开始积极探索，例如：合肥工业大学发布的人工智能基础通识课，借助“1 + N模式”，让约7 500名新生熟练掌握人工智能工具的应用，并成功对接土木工程、生物医学等12个专业领域的产业需求；安徽高校联盟开发的“人工智能 +考古学”课程，运用机器学习分析文物碳十四数据，为考古学研究开辟了新路径；北京信息科技大学的“人工智能+智能感知”案例，将光纤传感器与人工智能相结合，应用于航空航天检测，推动了相关领域的技术创新。这些实践充分表明，人工智能通识教育并非简单的技术叠加，而是一场思维方式的深刻革新。它能够帮助学生打破专业局限，以全新的视角审视本专业领域的问题，为解决复杂问题提供创新性思路。

从人才培养的维度来看，人工智能通识教育致力于培育学生“与人工智能共生”的能力。这要求学生既能熟练驾驭各类人工智能技术工具，又能始终保持人文关怀；既能运用人工智能解决专业领域的实际问题，又能敏锐预见技术潜在风险。以南京大学的“人工智能引论”课程为例，该课程专门设置了伦理与法规模块，引导学生深入探讨人工智能在司法量刑、医疗决策等关键领域的伦理边界，培养学生的批判性思维与道德判断能力。在知识体系构建方面，高校通常构建分层式课程体系：基础认知层面向全体学生开设“人工智能导论”课程，通过人工智能工具互动实验、人工智能议题思辨等多样化形式，消除学生对人工智能技术的神秘感，让文科生也能掌握生成式人工智能工具；技术赋能层面针对理工科学生，开设“机器学习实践”“智能系统设计”等课程，着重培养学生的工程化思维与技术应用能力；交叉创新层面则大力推动“人工智能+学科”融合课程，如“人工智能+智慧医疗”“人工智能+文化创意”等，中国科学技术大学的“人工智能数学原理与算法”通修课，助力非计算机专业的学生掌握核心算法的数学逻辑，为跨学科应用奠定坚实的基础。在教学模式创新上，南京信息工程大学首创“理论讲授—虚拟仿真—项目实战”链条，学生在虚拟实验室完成人工智能模型训练后，可直接参与企业项目，如智慧城市数据治理，切实提升学生解决实际问题的能力；浙江工商大学的“BAT-X”课程体系（基础课 + 应用课 + 技术课 + 特色课），通过“人工智能+供应链管理”等实际案例，培养学生运用人工智能优化业务流程的思维方式，使学生在解决专业“真问题”的过程中，实现创新能力的自然提升。

编写本书正是为了满足国家战略规划与各阶段教育对人工智能通识教育的迫切需求。我们以系统、全面且深入浅出的阐述，为不同层次的学生搭建通往人工智能知识殿堂的桥梁。本书系统梳理了人工智能的基本概念、发展历程、主要研究内容、各类应用场景，同时聚焦关键的伦理议题。在内容编排上，本书充分考虑到不同年龄段与知识背景的学生的认知规律，力求做到通俗易懂、生动有趣，以激发学生的浓厚兴趣。例如，在介绍复杂的技术原理时，我们巧妙地结合日常生活实例（如股票预测、实时行人检测、车牌识别等）让学生能够轻松理解；在探讨人工智能伦理问题时，引入热门话题与真实案例，引导学生深入思考，培养其正确的价值观与社会责任感。同时，本书紧跟人工智能技术发展前沿，及时纳入生成式人工智能等最新热点内容，确保学生能够接触到最前沿的知识。

展望未来，人工智能将持续深刻地改变社会的运行模式与人们的生活方式。我们坚信本书能够助力广大学生更好地理解、掌握人工智能知识，培养其创新思维与实践能力，使其在人工智能时代的浪潮中，不仅能从容应对各种挑战，更能积极把握机遇，为推动社会的进步与发展贡献自己的力量。同时，我们也衷心期待本书能够为我国人工智能通识教育的蓬勃发展添砖加瓦，为教育强国建设目标的实现贡献一份绵薄之力。

目录

Contents

数字资源清单

课件 PPT

项目一
走进人工智能

学习目标

知识目标

1. 明确人工智能的定义、学科交叉特点及三大学术流派的差异。
2. 掌握人工智能的发展阶段、里程碑事件及关键技术原理。
3. 了解新一代人工智能驱动因素、发展方向及技术伦理挑战。

能力目标

1. 能区分人工智能技术适用场景，分析典型案例技术逻辑。
2. 体验人工智能工具应用流程，识别技术落地难点并提出思路。
3. 结合多学科知识理解人工智能启发来源，尝试跨领域创新方案。

思政（素质）目标

1. 树立人工智能伦理边界意识，关注技术应用的社会责任。
2. 追踪人工智能前沿动态，培养科学探索精神与创新思维。

本项目视频资源

任务准备

一、人工智能基础概念

1. 人工智能的概念

人工智能（Artificial Intelligence，AI），是通过研究人类智能的实质，并在此基础上开发出来的一种模拟人类智能的机器。人工智能概念图如图 1-1 所示。

图 1-1　人工智能概念图

人工智能涉及的领域广泛，包括智能机器人、语言识别、图像识别、自然语言处理和专家系统等。自人工智能这一理念诞生以来，很多行业都开始探索与人工智能的融合发展之路。可以预见，未来基于人工智能的科技产品，将会进一步提升人类的生活质量。

人工智能涉及的学科十分广泛，包括计算机科学、心理学、哲学等。新一代信息技术的普及和发展，在一定程度上推动了人工智能的进步。同时，人工智能也推动了互联网形态的变革。在信息爆炸的当下，人工智能能够更加快速、精准地加工、筛选信息，更好地为人们提供服务。具体来说，人工智能具备以下几个特点。

（1）知识构建从传统基于规则的表达模式，向大数据驱动的自主学习范式转变。

（2）数据处理突破单一类型多媒体的局限，迈向跨环境、跨领域的学习推理与认知协同。

（3）智能形态从孤立个体的能力提升，进阶为依托互联网与大数据的群体智能协作。

（4）系统形态从模拟人类行为的机器人，演进为具备自主决策能力的智能系统。

2. 人工智能的诞生

20 世纪四五十年代，来自数学、心理学、经济学、工程学和政治学等不同领域的科学家开始探讨制造电子大脑的可能。从控制论到图灵测试理论，种种研究为构建电子大脑提供了可能性。

1）控制论和信息论的发展

控制论和信息论构成了人工智能的理论基础。20 世纪 30 年代末到 50 年代初，控制论描述了电子网络的控制与稳定性，信息论描述了数字信号，这两者的研究都暗示了构建电子大脑的可能。

控制论为人工智能带来了模拟和反馈两种方法，这两种方法都是人工智能所必需的。

人工智能的初步研究就是通过模拟人类智能行为，试图赋予计算机执行复杂任务的能力，其核心目标是使计算机更加智能。现代计算机硬件和软件能够把获取的信息（如语言、算法等）进行结合，并实现高效复杂的信息处理，为模拟技术的实践应用奠定了坚实基础。

反馈是指把系统输出的信息作用于被控制对象后产生的结果返回来，并对信息输出产生影响的过程。这一机制对人工智能至关重要，因此要借助计算机强大的计算能力，不断地进行模拟和反馈以得到令人满意的结果。

虽然人工智能研究进展缓慢，但控制论和信息论提供的基础研究范式始终支撑着这一领域的持续探索，并在实际应用中不断展现其理论价值。

2）图灵测试

1950年，艾伦·图灵发表了一篇具有划时代意义的论文，文中预言了创造具有真正智能机器的可能性，并提出了图灵测试理论，这为人工智能这门学科的创立和发展奠定了重要的基础。图灵测试理论旨在判定机器是否具备“智慧”，其测试流程为：测试者在与被测试对象不直接接触的情况下，通过一系列问答互动，在规定时间内判断对方是人还是机器。若超过30%的测试者无法准确区分，即可认定该机器具备“智慧”，能够进行思维活动。图灵测试理论示意图如图1-2所示。

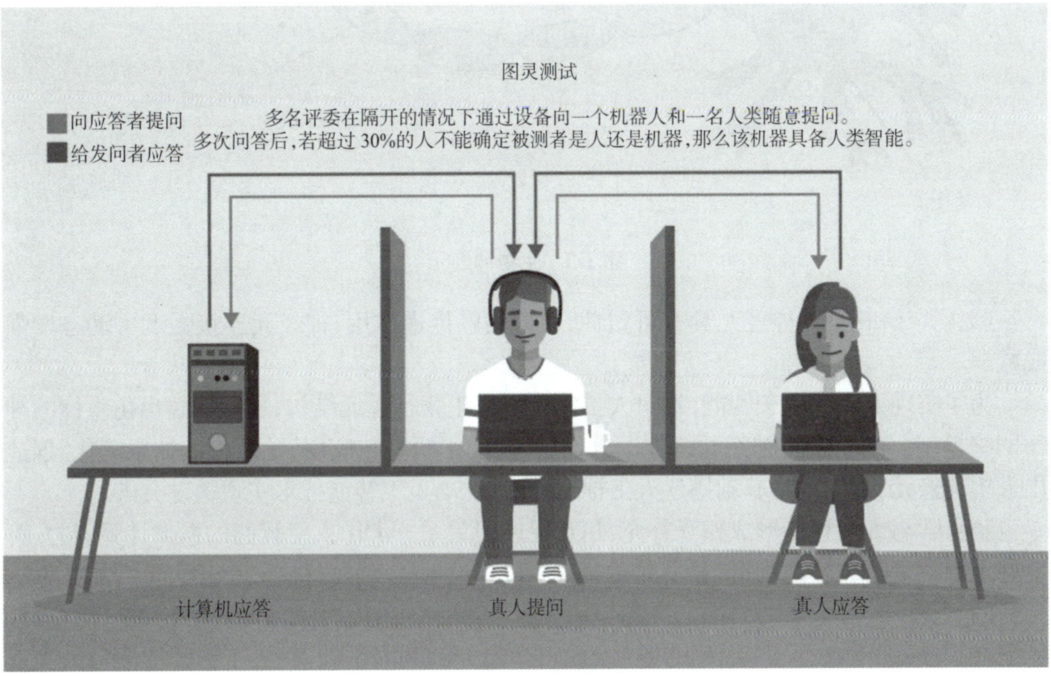

图1-2　图灵测试理论示意图

图灵测试理论开启了人们对人工智能的讨论，直至今日，它仍然是判断一部机器是否具有人工智能的重要方法之一。

3）脑科学的突破

由于计算机系统的局限性，最基本的数字计算机并不能完美地解决所有类型的信息处理问题，因此人们开始寻找新的信息处理机制，神经网络计算就是其中之一。由于神经网络计算需要脑科学的支撑，因此脑科学的持续发展对推动人工智能进步起到了重要的作用。生物神经元如图1-3所示。

神经元有兴奋和抑制、学习和遗忘功能。

（1）兴奋和抑制：当传入神经元的冲动强度超过临界阈值时，神经元产生兴奋并经神经末梢传出信号；若冲动强度未达到阈值，则神经元处于抑制状态，不引发兴奋反应。

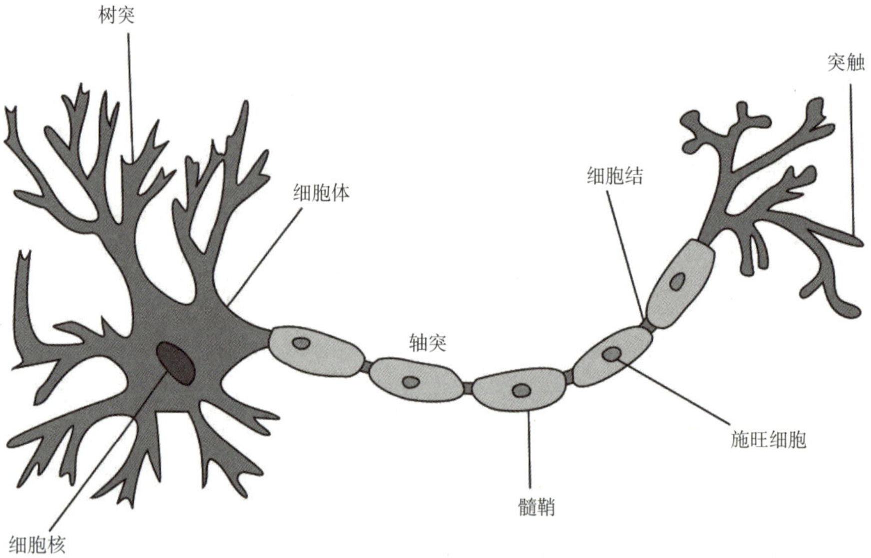

图 1-3 生物神经元

（2）学习和遗忘：神经元具有可塑性，通过突触传递作用，神经元连接强度可动态增强或减弱。

为了实现真正的人工智能，科研人员深入研究生物神经元结构，进而构建出仿生性的神经网络模型。由于生物神经元构造十分复杂，为便于研究与应用，学界将其抽象简化，创造出人工神经元，并以此为基础搭建人工神经网络，推动人工智能技术实现关键突破。

脑科学与人工智能形成相互补充、相互促进的关系。运用人工智能的强大计算能力，可更好地理解生物大脑的构造，并由此建立新一代理论框架和技术体系，引领人工智能技术达到新的高度。

在控制论、信息论、图灵测试理论及脑科学研究的共同推动下，人工智能逐渐进入大众视野。1956 年夏季，以约翰·麦卡锡为首的科学家团队，在美国达特茅斯学院举办的一场为期两个月的学术会议中围绕“机器模拟智能”这一议题展开研讨，并首次正式提出“人工智能”这一术语，标志着这一学科的正式诞生。

3. 人工智能的发展阶段

事物的发展往往是曲折的，人工智能的发展历程也是如此。人工智能的发展历程如图 1-4 所示。

1）起步发展期（20 世纪 50 年代至 60 年代初）

1956 年，“人工智能”概念正式提出，标志着这一学科的诞生。基于当时的理论成果，机器定理证明、智能跳棋程序等开创性应用相继问世，迅速掀起人工智能发展的首个热潮。

2）反思发展期（20 世纪 60 年代至 70 年代中期）

人工智能在发展初期取得的突破性进展，大大提升了人们对人工智能的期待，于是人们开始尝试更具挑战性的任务，但接连失败导致目标落空，使人工智能的发展陷入低谷。

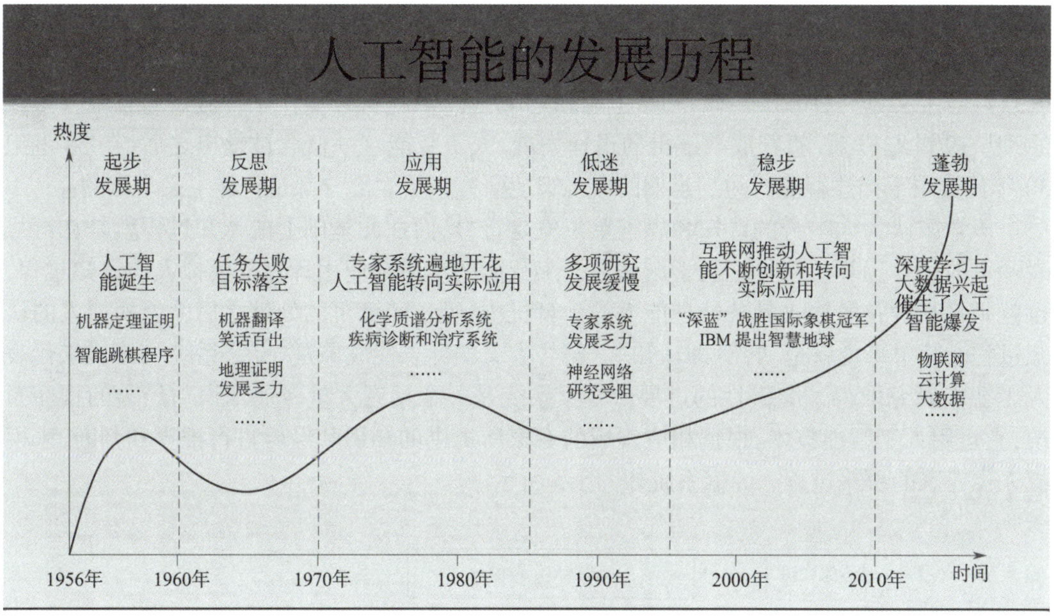

图 1-4　人工智能的发展历程

3）应用发展期（20 世纪 70 年代中期至 80 年代中期）

行业逐步复苏，这期间出现的专家系统模拟人类专家的知识和经验解决特定领域的问题，不仅增强了研究人员的信心，也使得人工智能走向实际应用，并在医疗、化学、地质分析等方面取得成功。例如，化学质谱分析系统、疾病诊断和治疗系统、探矿系统、语音理解系统等推动人工智能走向实际应用。

4）低迷发展期（20 世纪 80 年代中期至 90 年代中期）

由于专家系统的应用范围不断扩大，许多问题也随之凸显出来。例如，知识难以获取、推理方法单一、缺乏分布式功能、难以与数据库等技术结合等。

5）稳步发展期（20 世纪 90 年代至 2010 年）

由于网络技术的发展，人工智能开始由单个智能主体研究转向基于网络环境的分布式人工智能研究，不仅研究基于同一目标的分布式问题求解，而且研究多个智能主体的多目标问题求解。1997 年，“深蓝”超级计算机击败国际象棋冠军卡斯帕罗夫，成为该阶段标志性事件。

6）蓬勃发展期（2010 年至今）

云计算、大数据、物联网等技术的突破，结合图形处理器的强大算力，推动深度神经网络快速发展，实现图像分类、语音识别、无人驾驶等技术从理论到应用的跨越，人工智能迎来爆发式增长的全新阶段。

4. 人工智能的学术流派

自 1956 年“人工智能”术语正式提出以来，这一领域的研究已走过 60 余年历程。其间，不同学科背景的学者基于各自的理论视角，对人工智能作出多元阐释，由此衍生出多个学术流派。对人工智能研究影响较大的主要有符号主义、连接主义和行为主义三大学术流派。

1)符号主义

符号主义是一种基于逻辑推理的智能模拟方法,依托符号操作系统假设与有限合理性原理。19 世纪以来,随着数学逻辑的迅速发展,人工智能这一概念被提出之后,在 20 世纪 30 年代被用于描述智能行为。早期的人工智能研究人员大部分都是符号主义学派的。

该学派认为人本身的认知和思维单位就是符号,而在此基础上的认知过程就是在符号表示上的一种运算。符号主义学派认为人工智能的本质是使用计算机模拟人的认知过程,也就是将某种符号输入具备处理能力的计算机中,经过计算机的处理之后就能模拟人的认知过程。简单来说就是"计算即认知"。符号主义的标志性成果是"专家系统",该成果代表人工智能研究取得了突破性的进展。专家系统是一个具有大量专业知识与经验的程序系统,它运用人工智能技术,根据相应领域的专家所提供的知识和经验进行推理和判断,来模拟人类专家的决策过程。专家系统如图 1-5 所示。

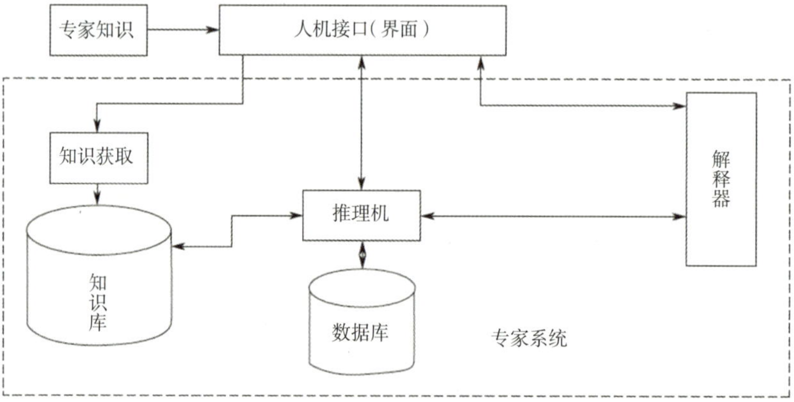

图 1-5　专家系统

尽管符号主义为人工智能发展提供了重要理论框架与实践路径,但其在常识性知识获取、复杂知识处理及机器翻译等领域面临的理论瓶颈与实践困境,引发学界广泛质疑。

2)连接主义

连接主义是一种基于神经网络及网络间的连接机制与学习算法的智能模拟方法,也被称为仿生学派或者生理学派。该学派认为人工智能源于仿生学,特别是对人脑模型的研究。

连接主义将人的智能归结于人脑的高层活动结果,并认为智能活动是大量简单神经元通过复杂连接协同运作的产物。其标志性成果就是人工神经网络,它使用并行处理器模拟大脑神经元和神经元之间的突触行为,以实现模拟人脑思维的功能。如图 1-6 所示,人工神经网络由输入层、隐层和输出层构成:输入层负责接收来自外界的输入信息,并将信息传递至隐层神经元;隐层用于神经网络中内部的信息处理与信息交换;输出层则将处理结果以特定的分类形式输出,作为网络反馈给外部系统的最终成果。

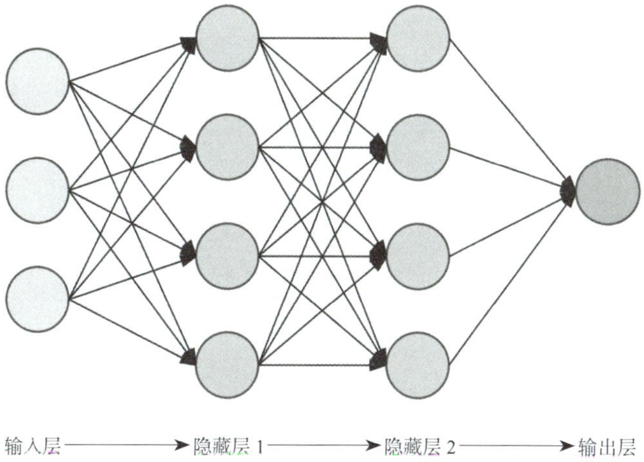

图 1-6　人工神经网络

3）行为主义

行为主义是一种基于“感知—行动”的行为智能模拟方法。行为主义认为学习的本质是刺激与反应的联结，因此又被称为进化主义或控制论学派。行为主义学派主张：学习者对环境刺激所作出的反应是行为，对应学习的过程是尝试错误的过程，强化是学习成功的关键。行为主义理论的提出引起了人们的广泛关注，行为主义学派的兴起，标志着控制论与系统工程的思想将进一步影响人工智能的发展。

随着人工智能研究的持续推进，符号主义、连接主义与行为主义逐渐突破理论壁垒，走向交叉融合。这种跨学派的协同不仅为人工智能技术落地提供多元解决方案，更为揭示智能本质、完善理论体系指明方向。

二、人工智能的关键技术和发展瓶颈

1. 人工智能的关键技术

人工智能融合多学科知识，衍生出一系列关键技术，在不同领域发挥核心作用。

1）机器学习

作为人工智能的核心学科，机器学习聚焦于通过经验数据优化算法性能，旨在让计算机借助数据或历史经验自动提升程序处理效率。其核心逻辑是基于实际问题构建数据模型，实现对现有数据的深度解析，以及对未来数据的精准分类、识别与预测。人工智能、机器学习与深度学习的层级关系如图 1-7 所示。在实际应用中，机器学习已广泛渗透至垃圾邮件过滤、信用卡诈骗监测、个性化产品推荐等场景。

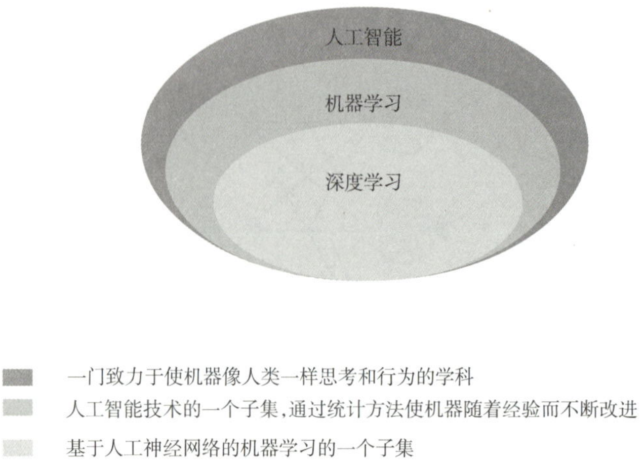

图 1-7　人工智能、机器学习、深度学习之间的关系

2）知识图谱

知识图谱也被称作科学知识图谱，通过语义检索的方式从多种来源收集信息构建知识库，以此提高搜索质量，并以结构化的形式描述客观世界中的概念、实体之间的关系。

知识图谱本质上是一种语义网络，其中的节点代表实体或者概念，边代表实体、概念之间的各种语义关系。知识图谱关系分析如图 1-8 所示。

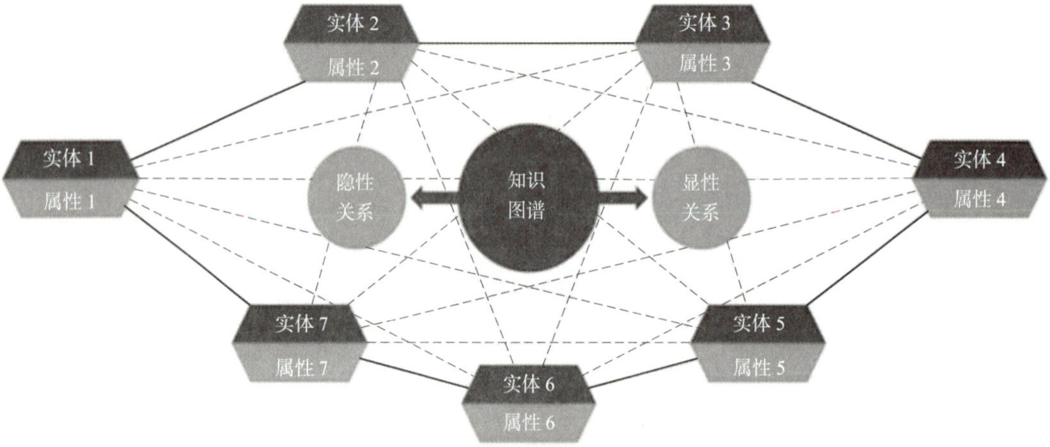

图 1-8　知识图谱关系分析

知识图谱通过数据挖掘、信息处理、知识计量及可视化绘制，将复杂知识领域以直观图谱呈现，深度揭示知识演进规律，为科学研究提供精准参考依据。目前，最实用的是知识图谱与搜索引擎相互结合，它能提升搜索效率，例如，在搜索引擎中搜索“天津有多少人”，如图 1-9 所示。利用知识图谱技术可直接给用户返回结果，而不是提供相关信息的网页链接。

图 1-9　知识图谱与搜索引擎结合

3）自然语言处理

自然语言处理（NLP）是机器语言和人类语言的桥梁，旨在赋予计算机处理、理解并运用人类语言（如中文、英文等）的能力，从而实现高效人机交互。自然语言是人类区别于其他动物的核心标志，是人工智能模拟人类智能过程中无法回避的关键领域。因此，具备高精度自然语言处理能力的智能机器，被视为人工智能技术的顶尖成果与终极目标，也是衡量人工智能发展水平的重要标尺。

自然语言处理的发展与机器翻译紧密相连，计算机实现自然语言理解与处理堪称技术领域的重大突破。例如，借助该技术机器能够实现不同语言间的自动互译，将中文“你好”转换为不同的语言，如图 1-10 所示，极大提升了跨语言信息交流的效率。

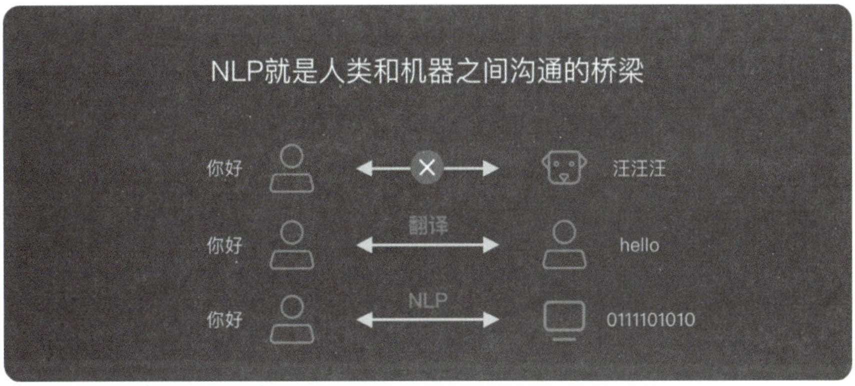

图 1-10　自然语言处理的核心功能

4)计算机视觉

计算机视觉作为融合图像处理、图像分析、模式识别等技术的交叉学科,是人工智能领域的核心知识体系之一。

该技术以各类成像系统替代人类视觉器官作为信息输入源,依托计算机完成图像的深度处理与语义解析。计算机视觉在图像识别场景中的典型应用如图 1-11 所示。

图 1-11　计算机视觉在图像识别场景中的典型应用

5)人机交互

人机交互是指人与计算机之间使用某种语言,以一定的交互方式完成确定任务的信息交流的过程。它主要包括人到计算机和计算机到人的信息交换两部分。除了基本交互和图形交互外,人机交互还包括语音交互、情感交互、体感交互、脑机交互等技术。

人机交互的应用潜力巨大,如穿戴式计算机、动作识别技术、远程遥控机器人、远程医疗等触觉交互技术正被广泛应用。动作识别技术如图 1-12 所示。

图 1-12　动作识别技术

2. 人工智能的发展瓶颈

人工智能的发展瓶颈主要包括以下几个方面。

(1)语义理解。如今使用的语音服务多限于比较简单的问答查询,对需根据上下文进行分析的复杂语义理解不足,经常出现歧义对话。

(2)能源消耗。现有的人工智能系统运行过程中的能源消耗较大。

(3)数据瓶颈。人工智能需要大量的数据支持专项学习。

(4)泛化限制。这是模式识别、计算机视觉、人工智能方法等面临的一个共同的问题,现有的方法在一些实际问题中仍无法取得理想的泛化性能,如已训练好的模型用在变化的环境或者领域时,泛化性能明显下降。

(5)对人脑的认知。虽然目前的脑科学发展迅速,但还远远达不到被人类完全掌握的程度,类脑智能研发的核心难点是人类对于人脑的结构和功能原理的理解不足,由于人脑结构十分复杂,不仅有上百亿个神经元,而且每个神经元又由无数个分支组成,因此仅是模拟人脑就已十分困难。

(6)可靠性较差。现有人工智能系统在某些方面还需要依靠人类的帮助,有些错误的识别结果可能会带来致命的后果,如自动驾驶在反光环境下误判卡车引发事故。

(7)常识性问题。人类通过重复形成的本能与生活习惯等常识,难以用算法公式化模拟。

(8)智能层次差距大。哲学、认知科学等领域研究的智能属于抽象高阶认知,而人工智能当前的逻辑符号、神经网络等研究仍处于低阶感知阶段,二者难以有机融合。

(9)关注局限性。目前的学术流派都有各自的局限。符号主义只关注人脑的抽象思维特性;连接主义只模仿人的形象思维特性;行为主义则关注人类智能行为特性和进化过程。三者都不能全面、多层次地研究人工智能。

(10)理论与实践脱离。尽管脑科学的不断发展推动了人工智能的不断进步,但从宏观上来说,人脑工作原理尚未完全明晰,微观机制仍处于探索阶段,导致人工智能理论多停留在尝试与猜想层面。

三、新一代人工智能

人工智能的近期研究目标是制造智能计算机,旨在代替人类从事各种复杂的脑力劳动。除此之外,人工智能还有远期研究目标,即探究人类智能和机器智能的基本原理,研究用自动机模拟人类的思维过程和智能行为。随着移动互联网、大数据、云计算等新一代信息技术的加速发展,人与人、人与机器、机器与机器的交流更加频繁,这一目标设想开始变为现实,同时也重塑了人工智能发展所需的信息生态与数据基础。当下,深度学习成果显著、数据急剧增长、硬件运算能力提升、资本与技术结合共同驱动新一代人工智能不断发展。

1. 驱动因素

环境的不断变化和数据数量的迅速增加,使得人工智能向新一代信息技术转变。驱动因素有以下四个。

1)深度学习成果显著

深度学习的概念一经提出就受到了广泛的关注,它极大地推动了人工智能网络算法的发展,提高了机器学习的能力。在应用深度学习的初期,猫这一动物形象就被计算机成功识别,这无疑是人工智能行业的标志性突破。随着人工智能的不断发展,算法模型的重要性进一步凸显,各大公司企业都在进行算法模型的优化和更新。目前,深度学习等算法已经广泛应用于人工智能项目。例如,自然语言处理、语音处理、计算机视觉等,推动了人工智能的发展。

2)数据急剧增长

随着网络的发展,各类信息的统计与采集效率越来越高,全球大数据储量呈爆炸式增长。这些海量的数据不仅为人工智能算法模型提供源源不断的素材,也为深度学习开发者创造了优质的研究土壤,更为人工智能产品落地开辟了多元应用场景。

3)硬件运算能力提升

人工智能领域收集了海量的数据,传统的数据处理方式难以满足如此高强度的处理需求,而人工智能芯片的出现加速了学习训练的速度,极大地促进了人工智能行业的发展,它在处理视频、图像等数据时,不仅效率更高而且功耗更低。人工智能芯片如图 1-13 所示。

图 1-13　人工智能芯片

4)资本与技术相结合

在技术创新与市场需求的双重驱动下,人工智能已经不单单是一个理念和简单的软件,它开始向各个行业渗透发展,提高了产业运行效率。在这个过程中资本的加入,使得产业发展更加迅速,同时也激励着人工智能技术的发展。

2. 未来发展方向

在海量数据、强劲算力、先进模型算法及多元应用的共同推动下,人工智能正在从计算机模拟人类智能向辅助提升人类智能演变,通过推动机器、人机互通,更加紧密地融入人类生活,已经从辅助性设备进化为助手和伙伴。当前,大数据技术,基于文本、图像、多媒体等信息实现交互,基于混合智能的发展三个方面均预示了人工智能的发展方向。

1）大数据技术成为基石

随着技术的不断发展，数据的重要性不言而喻，经过处理的有价值的数据更是人工智能发展的核心。没有大量数据的积累，人工智能在现阶段很难有长足的发展。新一代人工智能以大数据为基础，通过不断优化学习，提高自身自主性。

2）基于文本、图像、多媒体等信息实现交互

计算机图像识别、自然语言处理等技术的不断发展，显著提高了计算机在识别方面的准确度和效率。智能搜索、个性化推荐等应用的落地，实现了跨媒体交互领域的突破，推动人工智能向人类智能不断靠近。

3）基于混合智能的发展

在感知、推理、归纳学习等方面，人类智能远强于机器智能，但是在计算、存储、优化等方面，机器智能具有更大的优势，因此二者优势互补成为当前人工智能重要的发展方向。二者相互作用、互相促进，能够提高人类完成复杂任务的效率。脑机接口技术作为实现生物智能与机械智能融合的关键路径，通过在人脑（或动物脑、脑细胞培养物）与外部设备间建立直接连接，在医疗康复等领域展现出极高的应用价值。

2021 年，研究人员在临床试验中，为两名瘫痪患者配置了无线脑机接口系统，首次实现了大脑信号与计算机之间的无线高带宽传输。无线脑机接口系统如图 1-14 所示。该系统采用侵入式脑机接口技术，将两个由 96 个电极组成的电极阵列植入患者的大脑皮层，用于捕捉全频谱信号，同时搭配仅重 43 g 的头戴式无线发射器，使用户摆脱线路束缚，实现了 13.4 字/分钟的点击精度与打字速度。

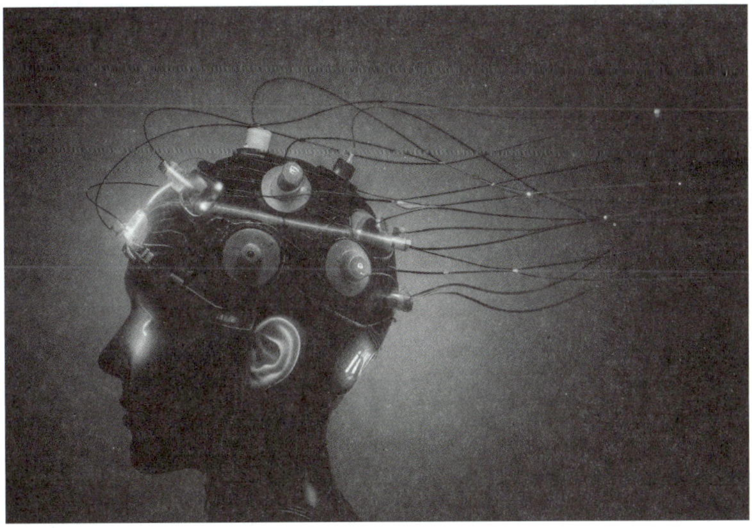

图 1-14　无线脑机接口系统

研究人员发明了一种可以直接在体外进行无线充电的软脑植入物，该植入物先在动物实验体上应用成功，如图 1-15 所示。该技术可以在体外无线充电，不需要定期通过破坏性手术更换植入物的电池，从而实现长期的神经回路操控。

这些新技术打破了当前大脑植入物的局限，为植入式脑机接口的发展打下了坚实的基础。

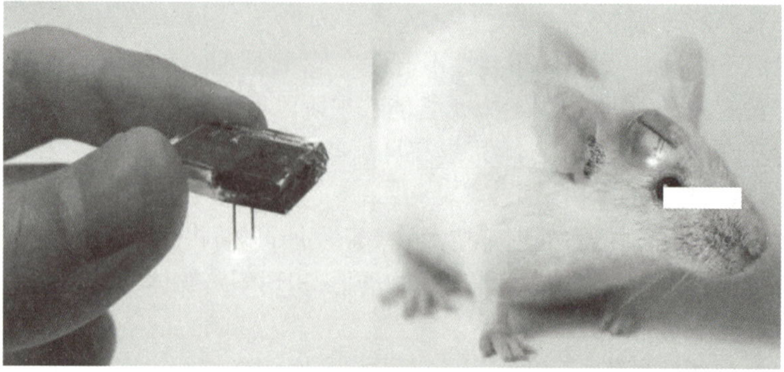

图 1-15　体外无线充电的软脑植入物

4）人工智能在辅助设备方面的发展

随着科技的发展，义肢技术虽然在一定程度上改善了肢体缺失者的生活品质，但仍存在许多不足，如动作延迟高、需依靠不便携带的辅助设备等。近年来，基于深度学习的神经解码器已成为推动使用直觉控制的灵巧神经义肢的主要工具，这种基于深度学习的人工智能系统可以帮助使用者利用新型义肢系统进行全方位运动。新型义肢系统如图 1-16 所示。

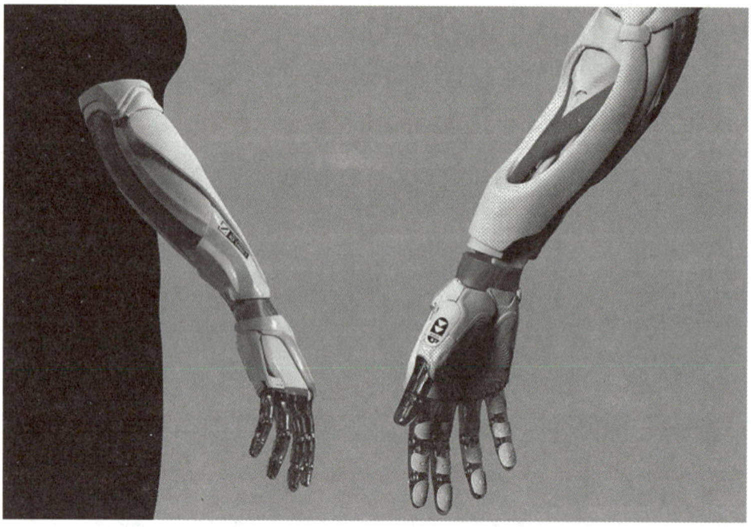

图 1-16　新型义肢系统

研究人员通过主流的边缘运算平台在神经义肢应用中部署深度学习人工智能系统，使得该义肢在多种实验室和真实环境下，具备高可靠性、高精度（95%~99%）和低延迟（50~120 ms）的手指运动控制能力。这种嵌入式的人工智能作为新型可穿戴生物医学设备的基础，有助于加快深度神经网络在临床中的应用。

5）人工智能在机器视觉方面的发展

尽管深度学习推动机器视觉在过去十年实现显著突破，但与生物视觉相比仍存在显著差距，尤其在处理高分辨率图像时，机器视觉的计算复杂度呈线性增长，需消耗海量计算资源。北京大学团队提出的脉冲视觉模型，通过模拟灵长类动物视网膜中央凹的编码机制，为解决这一问题提供了新思路。脉冲视觉成像模型如图 1-17 所示。

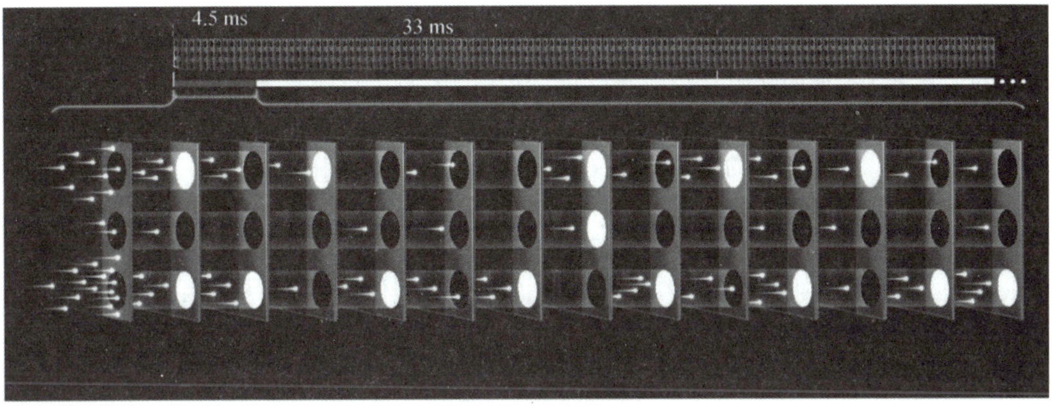

图 1-17　脉冲视觉成像模型

该模型不仅具有生物学价值，而且对设计新一代脉冲视觉模型、芯片乃至研制视网膜假体都具有重要意义。

任务实施

任务一　人工智能的概念

1. 明确人工智能的定义

人工智能是通过研究人类智能的实质，并在此基础上开发出来的一种模拟人类智能的机器。其核心目标是让机器具备执行推理、学习、感知、语言理解及问题解决等典型人类智能任务的能力。

2. 理解人工智能的核心特征

人类智能模拟性：借助算法与数据模拟人类思维逻辑。例如，深度学习通过神经元连接机制模拟人脑认知模式。

多学科交叉性：融合计算机科学、数学、心理学、哲学、语言学等多领域知识体系。

技术应用多样性：包含机器学习、自然语言处理、计算机视觉、专家系统等多元技术方向。

3. 举例说明人工智能的应用

智能导诊：如“AI 导诊”小程序通过症状分析推荐科室，替代部分传统人工分诊。

语音助手：如 Siri、小爱同学，通过自然语言处理实现语音交互。

图像识别系统：如医学影像分析系统，辅助医生诊断疾病。

任务二　人工智能诞生的标志

1. 追溯人工智能的起源

1956 年夏季,美国达特茅斯学院举办了一场为期两个月的学术会议,主题为“用机器模拟人类智能”,参会者包括约翰·麦卡锡、马文·明斯基等科学家。

2. 明确人工智能诞生的标志

会议中首次提出“人工智能”术语,并确立了该领域的研究目标:探索如何用机器模拟人类智能行为,如推理、学习、记忆等。这标志着人工智能作为一门独立学科正式诞生。

3. 理解诞生背景的关键要素

理论基础:控制论、信息论、图灵测试理论为会议奠定了理论基础。

跨学科合作:数学家、心理学家、工程师等共同探讨机器智能的可能性,推动学科融合。

任务三　人工智能发展史中的里程碑事件

1. 起步阶段(1950—1960 年)

1950 年:图灵发表论文《计算机器与智能》,提出图灵测试理论,奠定人工智能哲学基础。

1956 年:在达特茅斯学院举行的学术会议上正式确立人工智能学科。

1959 年:阿瑟·塞缪尔开发跳棋程序,首次实现机器自我学习,验证机器学习的可行性。

2. 应用发展与低谷阶段(1970—1990 年)

1970 年:专家系统兴起,如医疗诊断系统 MYCIN、化学分析系统 DENDRAL,推动人工智能实用化。

1980 年:日本“第五代计算机计划”聚焦知识处理,虽未完全成功,但加速了人工智能硬件研发。

1997 年:“深蓝”超级计算机击败国际象棋冠军卡斯帕罗夫,成为该阶段标志性事件。

3. 蓬勃发展阶段(2010 年至今)

2012 年:深度学习模型 AlexNet 在 ImageNet 图像识别大赛中夺冠,推动计算机视觉革命。

2016 年:AlphaGo 击败围棋世界冠军李世石,展示强化学习与神经网络的潜力。

2020 年:GPT-3 语言模型发布,凭借少样本学习能力引发自然语言处理领域根本性变革。

2023 年:DALL-E 3、Sora 等多模态模型实现文本生成图像与视频,推动 AIGC(人工智能生成内容)领域爆发式发展。

人工智能故事

2 000 km 外的心跳守护者

凌晨三点，市医院急诊室的人工智能分诊系统突然发出红色预警，远在 2 000 km 外的边疆小镇牧民阿拉坦通过便携式心电监测设备上传的数据显示，心电图出现异常 Q 波。人工智能迅速判定为急性心肌梗死合并严重心律失常。28 岁的阿拉坦在睡梦中被胸痛惊醒，挣扎着按下智能健康手环，这个掌心大小的设备实时将心电数据上传至云端，云端医疗人工智能系统在 0.3 秒内完成波形分析，对比千万级病例数据库后锁定“ST 段抬高型心肌梗死（STEMI）”诊断，并同步生成溶栓治疗与转运方案。值班的张医生远程指导当地卫生院：“患者距离最近的介入医院需 3 小时车程，立即启动溶栓！”人工智能同步生成最优路径，建议先静脉溶栓争取时间，同时联系直升机救援，计算“空中转运+医院接力”的最短时间组合。当人工智能建议使用替奈普酶溶栓时，张医生注意到患者病历中“近期胃溃疡病史”的标注，手动调整为更温和的尿激酶方案。阿拉坦的妻子起初因语言和认知差异拒绝“机器”决定的治疗方案，人工智能系统自动生成蒙汉双语版诊断报告，用动画演示心肌梗死原理与溶栓效果，配合当地医生解释才消除她的疑虑。等待转运的 90 分钟里，人工智能语音助手持续用蒙古语安抚患者情绪，同步监测患者生命体征。当阿拉坦被送上直升机时，距离发病仅 2 小时 15 分钟，心肌细胞存活率比传统救治模式提高 47%。术后他摸着胸前的监测贴片笑言：“这个会说话的‘小盒子’，比草原上的百灵鸟更懂我的心跳。”在这场跨越 2 000 km 的急救中，人工智能并非替代医生，而是作为“数字听诊器”让偏远地区的生命信号被精准捕捉，人类医生则根据个体病史修正治疗方案。技术与人性在此共同编织起生命的守护网，在数据计算中彰显对生命的敬畏与温度。

评价与考核

思政（素质）目标考核评价表

时事问题讨论考核评价表

姓名：	所在小组：	今日助教：	日期：
主题内容	对本次课前测试中的时事问题进行讨论，并交流自己的体会		
评价项目	评价要求	经验值	获得经验值
内容	讨论内容紧扣主题，见解独到深刻，积极向上，对其他同学有启发或触动作用	3	
态度	积极主动	2	

时事讲述考核评价表

主题内容	对本次课程导入的时事案例进行讲述或演述，并列举相关案例		
评价项目	评价要求	经验值	获得经验值
语言表达	声音洪亮，口齿清晰，语速适当	1	
肢体表达	动作适当，举止自然得体	1	
拓展内容	案例适当，有较好的引申作用	2	
现场效果	具有较强的吸引力，效果良好	3	

小组汇报考核评价表

走进人工智能考核评价表

评价项目	评价要求	经验值	教师评价（占 50%）	小组互评（占 50%）	获得经验值
理论知识	人工智能基础知识	10			
技术能力	人工智能发展史中的里程碑事件	15			
学习重点	人工智能诞生的标志	10			
姓名：	所在小组：	今日助教：	日期：		

任务模拟测试题

一、单项选择题

1. 人工智能学科正式诞生的标志是(　　)。

A. 图灵测试理论的提出(1950 年)　　B. 达特茅斯会议的召开(1956 年)

C. “深蓝”击败国际象棋冠军(1997 年)　　D. AlphaGo 战胜李世石(2016 年)

2. 下列属于符号主义学派标志性成果的是(　　)。

A. 人工神经网络　　B. 专家系统

C. 智能机器人　　D. 强化学习算法

3. 图灵测试理论的核心目的是(　　)。

A. 测试机器的计算能力　　B. 判断机器是否具备人类智能

C. 评估机器的语言理解能力　　D. 检测机器的逻辑推理能力

4. 人工智能的蓬勃发展期(2010 年至今)的主要驱动力是(　　)。

A. 大数据与深度学习　　B. 专家系统的普及

C. 控制论与信息论的提出　　D. 脑科学的突破

5. 下列哪项不属于人工智能的关键技术?(　　)

A. 机器学习　　B. 量子计算

C. 自然语言处理　　D. 计算机视觉

6. 行为主义学派的核心假设是(　　)。

A. 智能源于符号运算　　B. 智能源于神经网络连接

C. 智能源于“感知—行动”联结　　D. 智能源于数据驱动

7. 人工智能的近期研究目标是(　　)。

A. 模拟人类思维的基本原理

B. 制造能从事复杂脑力劳动的智能计算机

C. 实现脑机接口的大规模应用

D. 解决常识性问题

8. 下列哪项属于人工智能的发展瓶颈?(　　)

A. 数据量不足　　B. 算法泛化能力过强

C. 对人脑结构的认知不足　　D. 硬件运算能力过剩

9. 知识图谱的本质是(　　)。

A. 数据库系统　　B. 语义网络

C. 神经网络模型　　D. 专家知识库

10. 脑机接口技术属于人工智能的哪个发展方向?(　　)

A. 混合智能　　B. 跨媒体交互　　C. 边缘智能　　D. 可持续人工智能

二、填空题

1. 人工智能的三大核心学派包括符号主义、连接主义和__________。

2. 1950 年图灵在论文《计算机器与智能》中提出了__________测试理论。

3. 机器学习的分支__________通过多层神经网络处理复杂数据,推动了人工智能的爆发式发展。

4. 专家系统的核心组成包括知识库、推理机和__________。

5. 在人工智能的发展阶段中，20 世纪 70 年代至 80 年代中期属于__________期,以专家系统的应用为标志。

6. 自然语言处理的目标是实现__________与人类语言的交互。

7. 计算机视觉的技术流程包括图像处理、特征提取和__________。

8. 新一代人工智能的驱动因素包括深度学习成果、数据增长、硬件升级和__________。

9. 脑科学的突破为__________网络的发展提供了生物学灵感。

10. 人工智能在医疗领域的典型应用包括智能导诊和__________。

三、简答题

1. 简述人工智能的定义及其核心目标。

2. 列举人工智能发展阶段中的三个里程碑事件,并说明其意义。

3. 对比符号主义与连接主义学派的主要区别。

4. 简述知识图谱在搜索引擎中的应用原理。

5. 分析人工智能发展面临的主要伦理挑战。

项目二

Python 编程与技术应用——智能星空绘制和猜单词游戏

学习目标

本项目视频资源

知识目标

1. 掌握 Python 的核心特性与设计哲学。
2. 理解 Python 在人工智能、数据科学、Web 开发等领域的应用场景。
3. 熟悉 PyCharm 开发环境及 Python 解释器的配置方法。
4. 了解 YOLO 目标检测模型的基本原理与实现流程。

能力目标

1. 能够独立搭建与配置 Python 开发环境。
2. 能够使用 PyCharm 编写、调试并运行 Python 程序。
3. 能够通过 Python 实现简单的人工智能任务(目标检测)。
4. 具备利用开源工具和社区资源解决问题的能力。

思政(素质)目标

1. 培养开源共享的协作精神,理解技术发展的社会责任。
2. 增强创新意识,通过实践探索人工智能技术的伦理边界。

任务准备

一、Python 的起源

在计算机编程语言的发展历程中,Python 占据着独特且重要的地位。它诞生于 20 世纪 80 年代末 90 年代初,由荷兰开发者 Guido van Rossum(吉多·范罗苏姆)创造。当时, Guido 正在寻找一门能提高开发效率的编程语言,他希望新语言既具备 ABC 语言的简洁性和表达能力，还能弥补 ABC 语言在可扩展性和交互性方面的不足。

ABC 语言是一种专门为教学和初学者设计的语言，以语法简洁和结构清晰著称，但在实际应用中存在一些局限性。Guido 从 ABC 语言中汲取灵感，并融合了其他多种语言的优势，开启了 Python 的开发工作。

Python 的命名并非直接源于蟒蛇，而是来自 Guido 钟爱的英国喜剧团体 Monty Python。他期望这门新语言能像 Monty Python 的喜剧一样，充满趣味与创意。

经过多年的不断发展和完善，Python 从最初的一个小型项目逐渐成长为一门功能强大、应用广泛的编程语言。它在开源社区的推动下，不断吸纳新特性，逐渐成为全球开发者喜爱的编程语言之一。

二、Python 的特点

1. 简洁易读

Python 的语法以简洁著称，使用缩进来表示代码块，而不像其他语言（如 C、Java）那样使用大括号。这种独特的语法结构使得 Python 代码看起来更加清晰和整洁，极大地提高了代码的可读性。

2. 开源免费

Python 是一款开源的编程语言，这意味着它的源代码对所有人开放，开发者可以自由地查看、修改和分发。这一特性使得 Python 拥有了一个庞大而活跃的社区，全球各地的开发者共同为 Python 的发展贡献力量。

在 Python 的开源社区中，有许多优秀的第三方库和框架被不断开发和分享出来。这些库和框架涵盖数据科学、人工智能、Web 开发、自动化脚本等多个领域，为开发者提供了丰富的工具和资源，大大提高了开发效率。例如，在数据科学领域广泛使用的 NumPy、Pandas 库，以及在 Web 开发中常用的 Django、Flask 框架等。

3. 跨平台性

Python 具有出色的跨平台兼容性，可以在多个操作系统上运行，包括 Windows、Linux、macOS 等。这意味着开发者可以在不同的操作系统上使用相同的 Python 代码，无须进行大量的修改。

这种跨平台性使得 Python 成了开发跨平台应用的理想选择。无论是开发桌面应用、Web 应用还是移动应用的后端服务，Python 都能够胜任。例如，许多数据科学家在 Linux 系统上进行数据处理和分析，而一些初学者则在 Windows 系统上学习 Python 编程，他们都可以使用相同的 Python 代码和库。

4. 动态类型

Python 是一种动态类型语言，这意味着在定义变量时，不需要预先声明变量的类型。变量的类型是在运行时根据赋值的内容自动确定的。

三、Python 在人工智能领域的应用

1. 机器学习与预测分析

Python 依托 Scikit-learn、XGBoost 等库，成为构建预测模型的首选方案。例如：在医疗

领域，基于 Scikit-learn 的乳腺癌诊断模型通过分析细胞核特征（如半径、纹理），准确率可达 95%以上；在金融风控场景中，LightGBM 算法可实时评估用户信用风险，帮助银行降低坏账风险。此外，Python 的自动化机器学习库（如 Auto-Sklearn）进一步降低了模型开发门槛，使非专业开发者也能快速构建高精度预测系统。

2. 计算机视觉与智能感知

从目标检测到图像生成，Python 在计算机视觉领域大放异彩。以 YOLO 系列模型为例，其单阶段检测架构可在毫秒级时间内完成交通监控视频中的车辆与行人识别，支撑自动驾驶决策系统。同时，OpenCV 与 PyTorch 结合，可用于工业质检中的缺陷定位，如检测芯片焊点缺陷，误检率低于 0.1%。生成对抗网络（GAN）则通过 Python 库 Keras 实现，应用于艺术创作与医学图像增强。例如，生成高分辨率 MRI（磁共振成像）辅助疾病诊断。

3. 自然语言处理与多模态交互

Python 在文本与语音处理中占据主导地位。基于 NLTK 和 SpaCy 的文本分类模型，可分析社交媒体评论情感倾向，助力企业动态调整营销策略。Transformer 架构（如 Hugging Face 库）支撑的聊天机器人，已广泛应用于客服系统，响应准确率达 90%。此外，Python 的多模态框架（如 OpenAI CLIP）实现了图文跨模态理解。例如，通过输入“一只戴墨镜的狗”，系统可生成或检索匹配的创意图像，推动 AIGC（人工智能生成内容）的落地应用。

任务实施

任务一　Python 的环境搭建

1. PyCharm 安装步骤

（1）PyCharm Windows 版本下载地址为 https://www.jetbrains.com/pycharm/download/#-section=windows，具体的下载与安装步骤如图 2-1 所示。

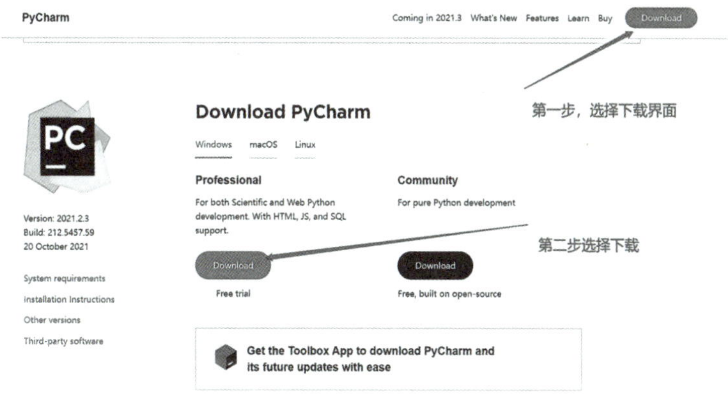

图 2-1　PyCharm 的下载与安装步骤

(2)打开安装程序,点击“Next”,如图 2-2 所示。

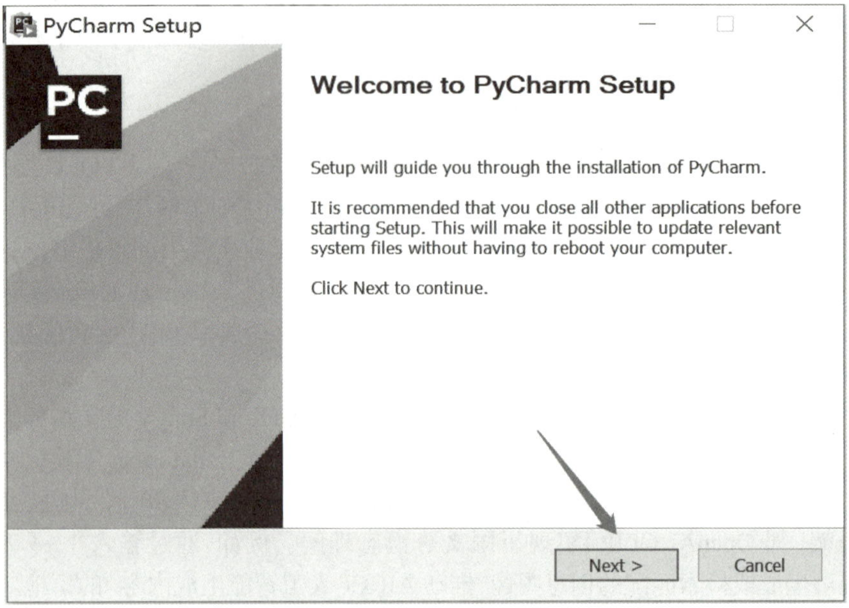

图 2-2 打开安装程序

(3)选择安装路径,再次点击“Next”,如图 2-3 所示。

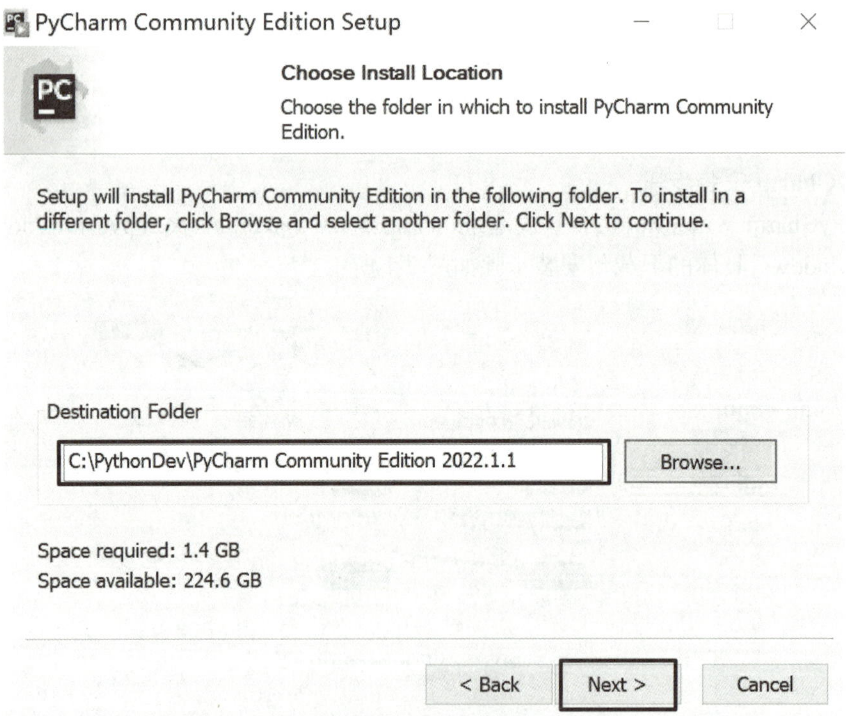

图 2-3 选择安装路径

（4）勾选“I want to manually reboot later”，点击“Finish”即可完成安装，如图 2-4 所示。

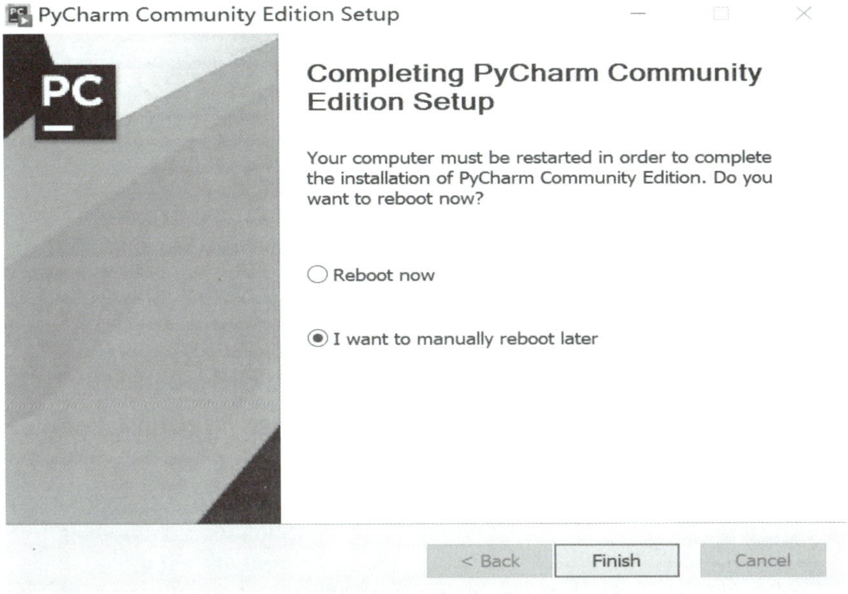

图 2-4　安装完成

2. Python 解释器安装步骤

解释器（Interpreter）又称直译器，是一种电脑程序，能够把高级编程语言一行一行直接转译运行。解释器并非一次性完成整个程序的转译，而是充当“中间人”角色——每次运行程序时，需先将代码转译为另一种语言再执行，这使得解释型程序的运行速度相对较慢。其工作机制为逐行转译并立即执行：转译一行程序语句后立即运行，随后转译下一行再运行，如此循环往复。Python 解释器安装步骤如下。

（1）进入 Python 网站首页（http://www.python.org），如图 2-5 所示。不建议安装最新版本的 Python 解释器，此处以 Python3.9.6 版本为例，如图 2-6 所示。

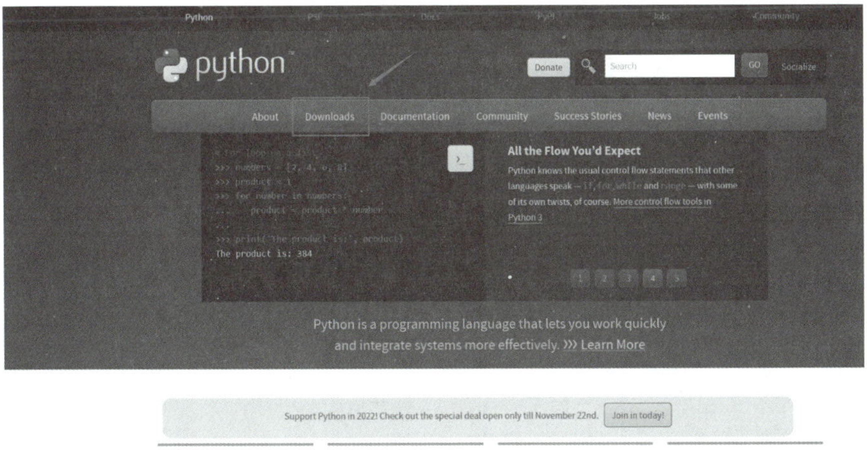

图 2-5　Python 网站首页

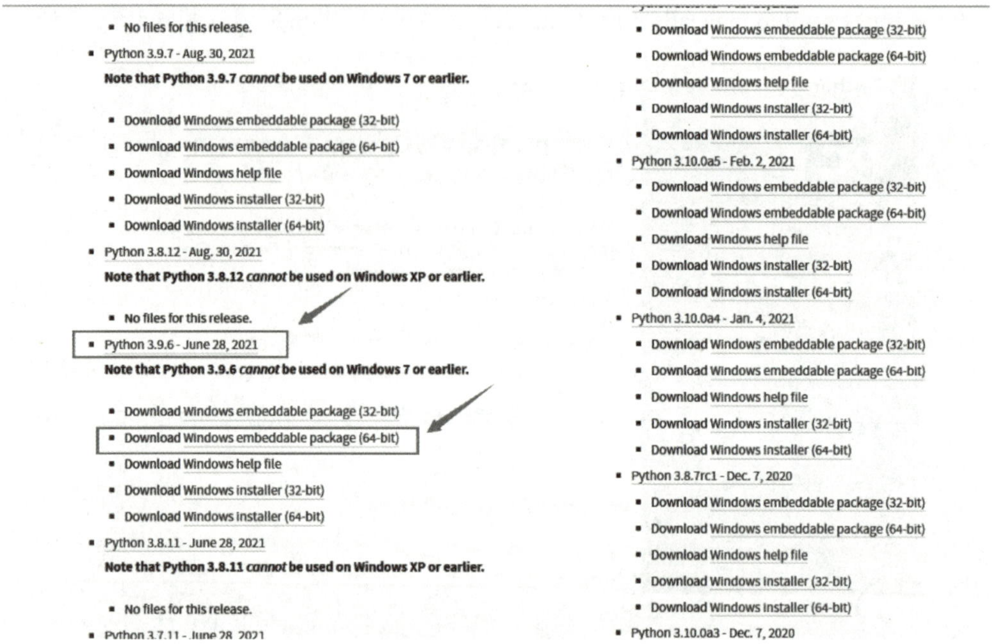

图 2-6　Python 解释器下载

（2）下载完后双击安装程序即可开始安装，勾选“Add Python 3.9 to PATH”可自动配置环境变量，无须进行系统设置，如图 2-7 所示。

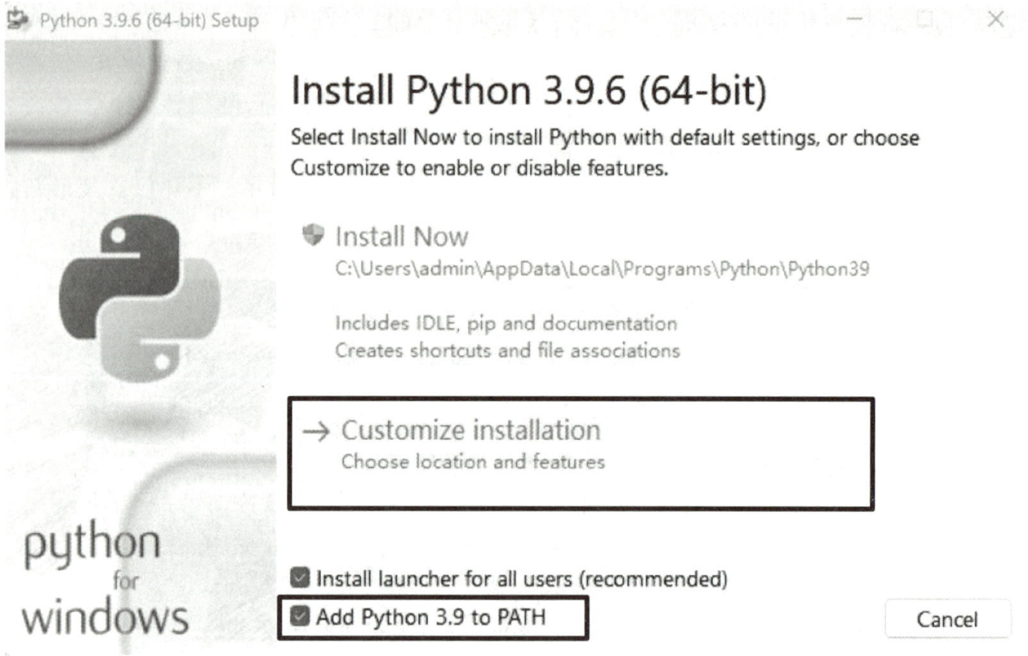

图 2-7　Python 解释器安装

（3）点击“Close” Python 解释器安装完成，如图 2-8 所示。

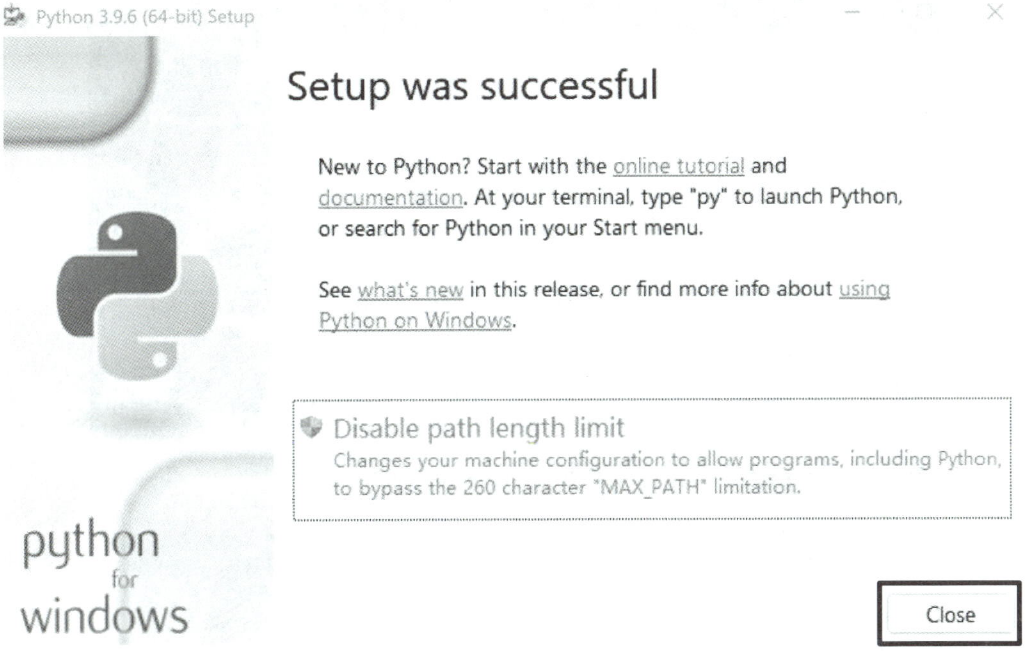

图 2-8　**Python 解释器安装完成**

（4）按下“Win+R”键，输入“python”后按回车键，出现 Python 版本就说明安装成功，此时环境变量已经配置成功，如图 2-9 所示。

图 2-9　安装成功界面

3. 在 PyCharm 中安装 Python 解释器

（1）打开 PyCharm，点击“New Project”，新建项目，如图 2-10 所示。

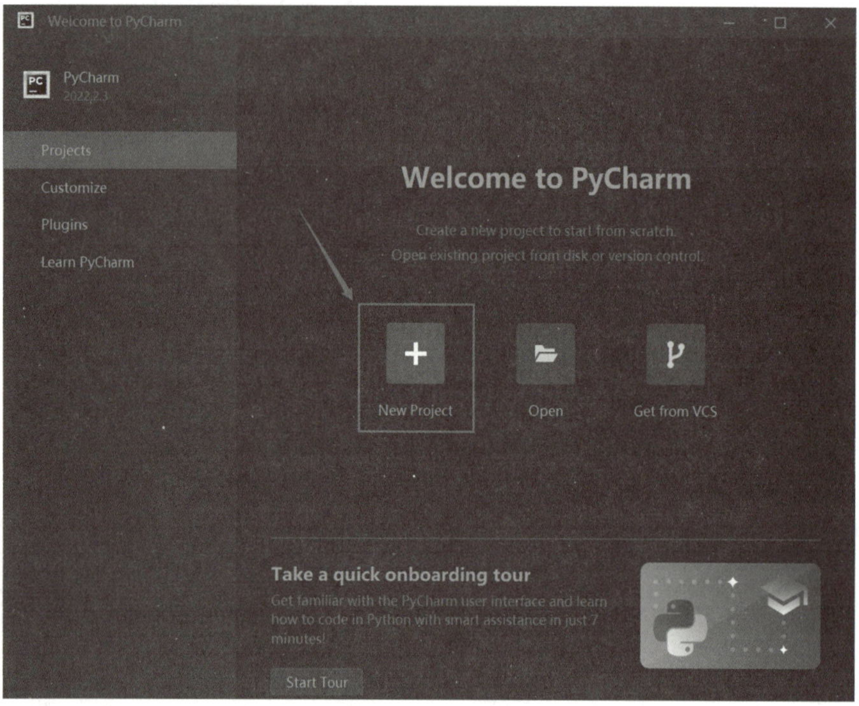

图 2-10　新建项目

（2）选择项目所在路径→选择“Previously configured interpreter”（需要提前安装 Python）→勾选“Create a main.py welcome script”→点击“Create”，如图 2-11 所示。

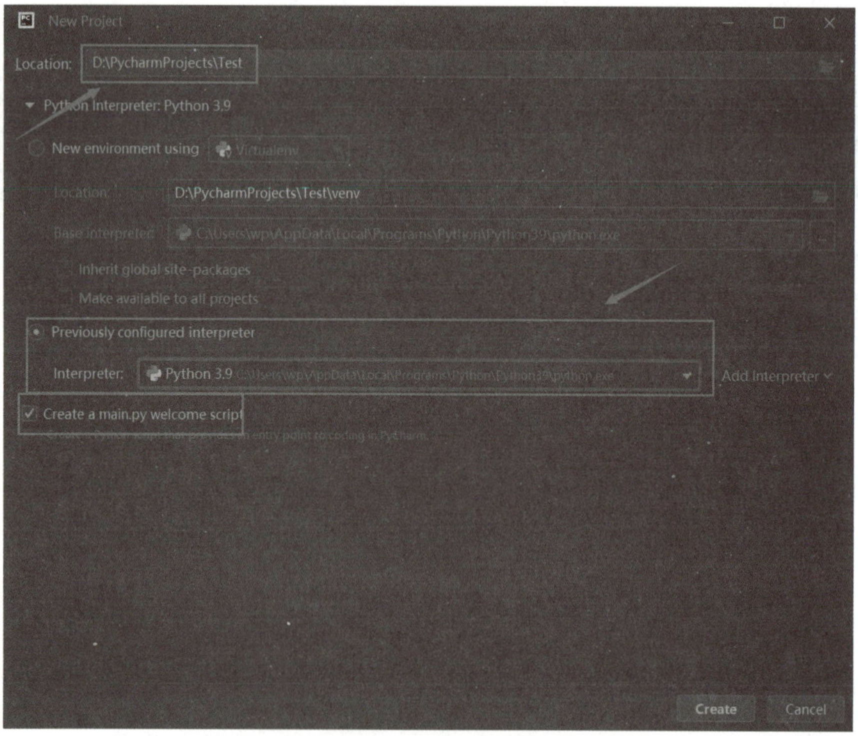

图 2-11　配置解释器

（3）点击运行按钮，在控制台输出“Hi，PyCharm”，说明 Python 配置成功，如图 2-12 所示。

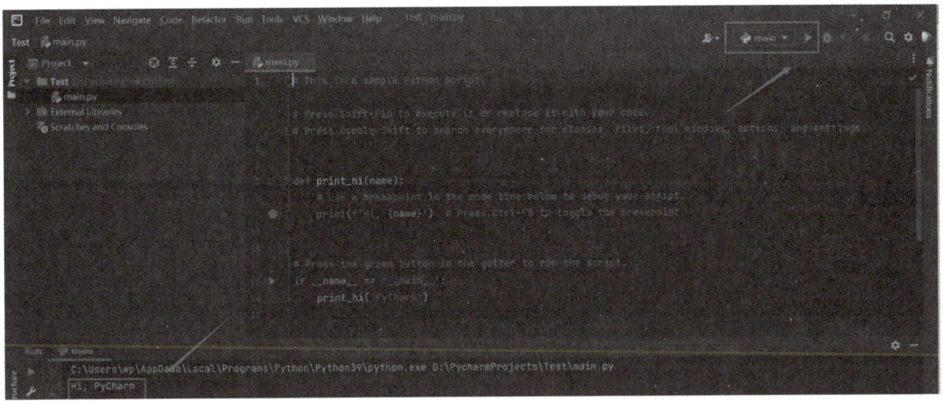

图 2-12　配置成功界面

4. 安装 Anaconda3

（1）进入官网（https://www.anaconda.com/download/）下载对应系统的 Anaconda3 安装包（建议不要下载最新的版本）。安装路径中不能有中文且安装位置的存储空间要大，为后续创建虚拟环境做好准备。这里选择的是 D 盘，如图 2-13 所示。

图 2-13　安装路径

安装完成后，程序将出现在系统的“最近添加”列表中，如图 2-14 所示。

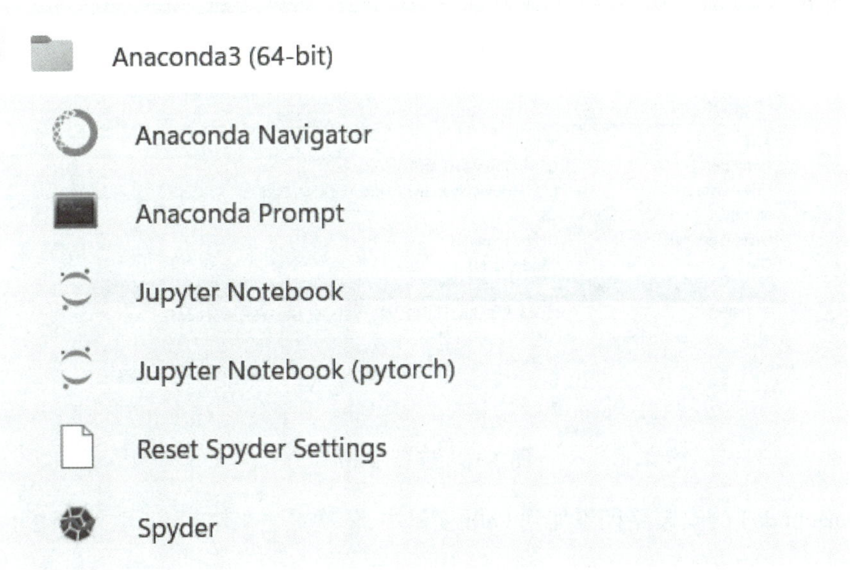

图 2-14　“最近添加”列表

(2)手动配置环境变量。在电脑系统设置中找到“系统属性”,并打开环境变量窗口,如图 2-15 所示。

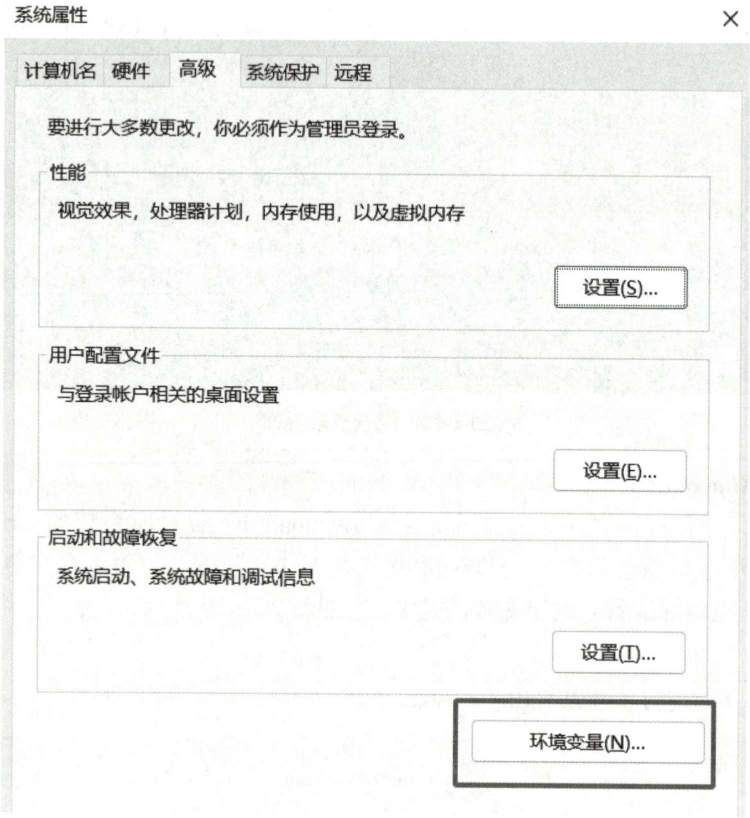

图 2-15　环境变量配置界面

在“系统变量”中双击“Path”,如图 2-16 所示。

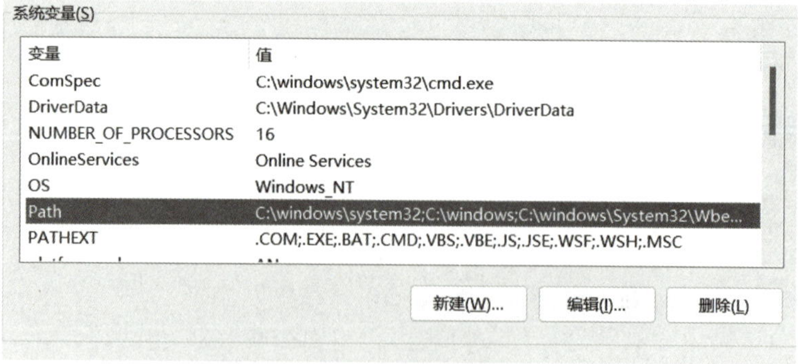

图 2-16　选择“Path”

将 Anaconda3 的安装路径添加到 Path 变量中,依次点击“确定”即可,如图 2-17 所示。

图 2-17　添加环境变量

（3）测试是否安装成功。打开 cmd，在命令行中输入“conda--version”，如果 Anaconda 安装成功，按回车键后会返回 Anaconda 版本号。如果返回错误信息，则表示 Anaconda 安装失败或者环境变量配置不正确，如图 2-18 所示。

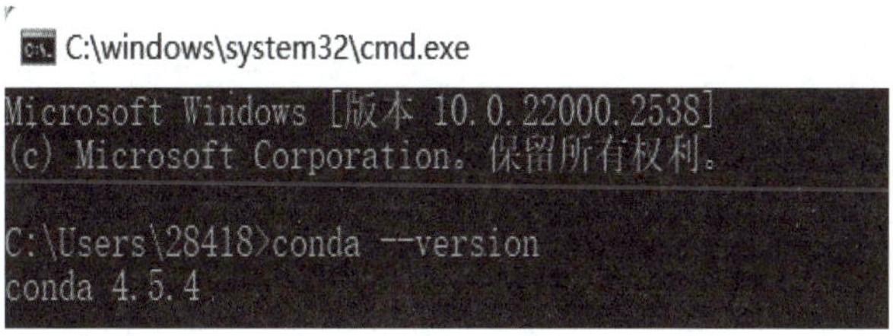

图 2-18　测试环境变量

5. 为 PyCharm 配置镜像源

1）国内常用镜像源地址

（1）清华大学：https://pypi.tuna.tsinghua.edu.cn/simple/。

（2）阿里云：http://mirrors.aliyun.com/pypi/simple/。

（3）中国科技大学：https://pypi.mirrors.ustc.edu.cn/simple/。

2）手动添加镜像源

在 Terminal 输入命令“pip install ”，下载的模块名“ -i https://pypi.tuna.tsinghua.edu.cn/simple”。例如：pip install numpy -i https://pypi.tuna.tsinghua.edu.cn/simple，如图 2-19 所示。

图 2-19　添加镜像源

该方法的优点是：不用重复配置，只需要在后面加上“-i https://pypi.tuna.tsinghua.edu.cn/simple”即可。

任务二　运行智能星空绘制程序

Python 作为一门功能强大且应用广泛的编程语言，不仅简洁易读，而且拥有丰富的库和框架，已成为数据科学、人工智能、Web 开发等众多领域的首选工具。其丰富的标准库（如 os、re、datetime）和第三方库（如 NumPy、Pandas、TensorFlow）为开发者提供了一站式解决方案。接下来,我们将通过开发一个基于Pygame库的“智能星空绘制程序”,演示如何在PyCharm中完成以下操作。

(1)新建项目。PyCharm新建项目界面如图2-20所示。

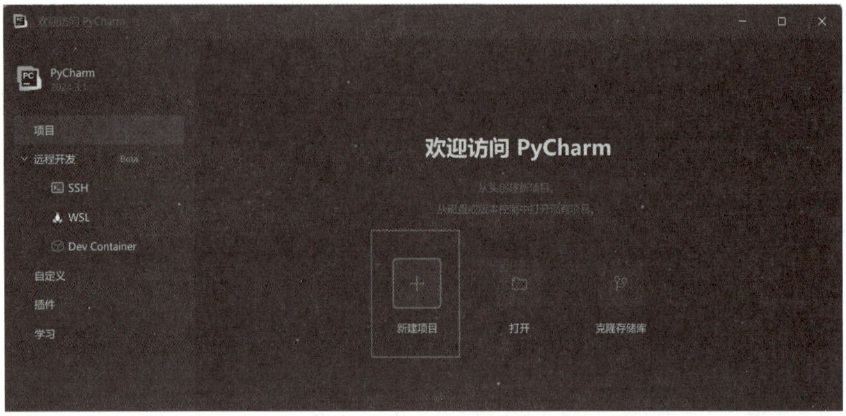

图2-20　PyCharm新建项目界面

(2)设置文件位置并新建项目。文件位置由“文件夹路径(目录)+项目名称”组成,如图2-21所示。

图2-21　设置项目目录

(3)新建Python文件,如图2-22所示。

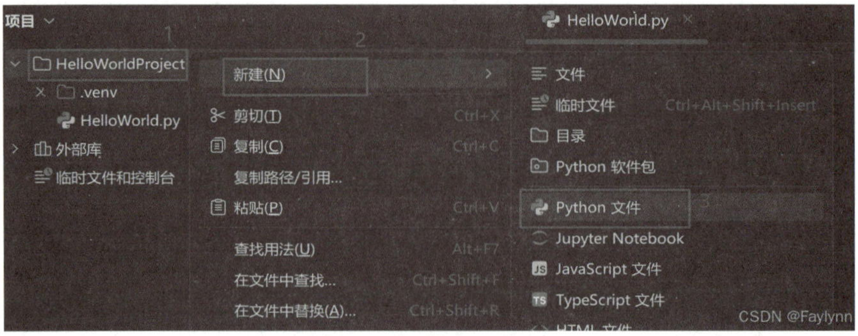

图2-22　新建Python文件

（4）定义文件名称，如“HelloWorld”。双击“Python 文件”，如图 2-23 所示。

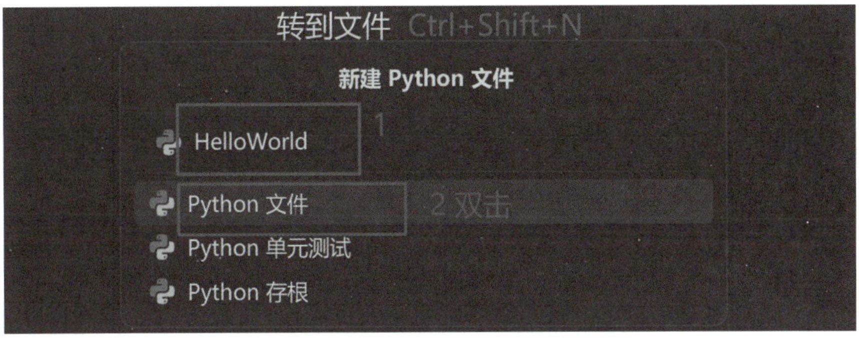

图 2-23　新建 Python 文件

（5）输入命令。

```
# 智能星空绘制程序
# 所需库：turtle（Python 内置，无须安装）

import turtle
import random

# 1. 初始化画布
screen = turtle.Screen( )
screen.bgcolor("black")    # 设置黑色背景
screen.title("AI 绘制的动态星空")

# 2. 创建画笔（小海龟）
star = turtle.Turtle( )
star.speed(0)              # 最快绘制速度
star.hideturtle( )         # 隐藏画笔图标

# 3. 定义智能绘制函数
def draw_star(x, y):
    star.penup( )
    star.goto(x, y)      # 移动到随机坐标
    star.pendown( )

    # AI 风格决策：随机选择星星属性
    size = random.randint(1, 4)          # 星星大小
    color = random.choice(["white", "yellow", "cyan", "magenta"])  # 颜色

    star.color(color)
    star.begin_fill( )
    for _ in range(5):   # 绘制五角星
```

```
        star.forward(size*10)
        star.right(144)
    star.end_fill()

# 4. 绑定点击事件（单击画布生成星星）
screen.onclick(draw_star)  # 人工智能交互：点击哪里画哪里

# 5. 自动生成初始星空
for _ in range(20):  # 预生成 20 颗随机星星
    x = random.randint(-300, 300)
    y = random.randint(-200, 200)
    draw_star(x, y)

# 保持窗口打开
turtle.done()
```

（6）运行并查看结果。程序启动后，弹出黑色画布窗口（默认 800×600 像素），标题显示“AI 绘制的动态星空”。视觉效果：20 颗星星随机分布，大小在 1~4 倍基础尺寸之间，颜色随机选择白、黄、青、品红四种。鼠标点击：在画布任意位置单击鼠标，立即生成一颗新星星。点击坐标（100，50）：生成一颗青色 3 倍大小的星星。点击坐标（-200，150）：生成黄色 2 倍大小的星星。动态响应：每次点击后 0.1 秒内完成绘制，无卡顿。

任务三 猜单词游戏程序

猜单词游戏是一款经典的互动游戏，在 Python 版本的游戏中，玩家需要猜出程序随机选定的单词。游戏开始时，程序会提示玩家输入名字，输入后会显示欢迎信息，并告知玩家游戏即将开始。

程序会从预先设定的单词列表中随机选择一个单词作为答案。玩家有 5 次猜测机会，在每一轮猜测中，程序都会根据玩家已经猜出的字母，将单词中对应的字母显示出来，尚未猜出的字母则用下画线表示。

例如，答案是“python”，玩家在第一轮猜测中输入字母“p”，那么程序会显示“p _ _ _ _ _”。如果玩家输入的字母在答案中存在，该字母对应的位置就会显示出来；若输入的字母不在答案中，则玩家的猜测机会就会减少一次，并提示错误及玩家剩余的猜测次数。

当玩家成功猜出单词中的所有字母，即所有字母都已正确显示，没有下画线时，玩家获胜，游戏结束。若玩家在 5 次猜测机会用完后，仍未能猜出正确的单词，则玩家失败，游戏结束。

在游戏过程中，玩家每次输入猜测字母后，程序都会实时判断猜测结果，并根据结果给出相应提示，直到游戏结束。

```
import time
import random
name = input("What is your name? ")
print ("Hello, " + name, "Time to play hangman!")
time.sleep(1)
print ("Start guessing...\n")
time.sleep(0.5)
## A List Of Secret Words
words = ['python','programming','treasure','creative','medium','horror']
word = random.choice(words)
guesses = ' '
turns = 5
while turns > 0:
    failed = 0
    for char in word:
        if char in guesses:
            print (char,end="")
        else:
            print ("_",end=""),
            failed += 1
    if failed == 0:
        print ("\nYou won")
        break
    guess = input("\nguess a character:")
    guesses += guess
    if guess not in word:
        turns -= 1
        print("\nWrong")
        print("\nYou have", + turns, 'more guesses')
        if turns == 0:
            print ("\nYou Lose")
```

人工智能故事

Python 与人工智能：拯救雨林的无声革命

在亚马逊雨林的深处，一场由 Python 代码驱动的科技革命正在悄然上演。2021 年，环保组织“地球之眼”面临严峻挑战：非法伐木者利用雨季的暴雨掩护，以每周数十公顷的速度破坏雨林，而传统人力巡逻机制效率低下，往往在破坏发生数日后才能察觉。转机出现在一支由数据科学家、声学工程师和环保专家组成的跨国团队手中。他们用 Python 构建了一套名为“森林哨兵”的监测系统，将数百台改装后的旧手机部署在树冠层。这些设备搭载太阳能电池和防水外壳，通过 Python 编写的 PyAudio 库持续采集环境声音，每隔 1 小时将音频片段上传至云端服务器。系统的核心是基于 TensorFlow 构建的声音分类模型。利用 Python 的 Librosa 库，原始音频被转换为梅尔频谱图（Mel-spectrogram），经特征提取后形成 128×128 像素的声纹特征矩阵。团队采用迁移学习策略，基于 ResNet50 架构训练了一个 5 层卷积神经网络，在仅有 5 000 条标注样本的情况下，实现了 93.2%的电锯声识别准确率。当系统检测到异常声源时，会立即通过 Twilio API 向护林员的加密终端发送包含 GPS 坐标的警报，将响应时间从传统方式的 48 小时缩短至 11 分钟。

2023 年旱季，该系统在巴西朗多尼亚州试运行期间，成功拦截 17 起盗伐事件，使该地区美洲豹栖息地的破坏率下降了 62%。然而，该技术并非十全十美——系统曾因将原住民的木鼓仪式误判为非法伐木，引发部落抗议。团队迅速调整策略，在 Python 代码中增加文化声音白名单，并与部落长老合作采集 300 小时传统音频数据，降低模型的文化误判率。这场“森林哨兵”的成功，不仅证明了 Python 在边缘计算与人工智能部署中的高效性，更揭示了技术伦理的重要性。当护林队长玛尔塔·罗德里格斯首次通过平板电脑接收实时警报时，她感叹道：“我们曾以为科技会割裂人与自然的联系，但现在它成了雨林最忠实的翻译官。”目前，该项目的开源代码已在 GitHub 获得 1 万多个星标，其架构被复制应用于印尼婆罗洲的红毛猩猩保护项目。Python 编织的智能网络，正在全球生物多样性热点地区织就一张数字化保护网。

评价与考核

思政(素质)目标考核评价表

时事问题讨论考核评价表

姓名：	所在小组：	今日助教：	日期：
主题内容	对本次课前测试中的时事问题进行讨论，并交流自己的体会		
评价项目	评价要求	经验值	获得经验值
内容	讨论内容紧扣主题，见解独到深刻，积极向上，对其他同学有启发或触动作用	3	
态度	积极主动	2	

时事讲述考核评价表

主题内容	对本次课程导入的时事案例进行讲述或演述，并列举相关案例		
评价项目	评价要求	经验值	获得经验值
语言表达	声音洪亮，口齿清晰，语速适当	1	
肢体表达	动作适当，举止自然得体	1	
拓展内容	案例适当，有较好的引申作用	2	
现场效果	具有较强的吸引力，效果良好	3	

小组汇报考核评价表

Python 编程与技术应用考核评价表

评价项目	评价要求	经验值	教师评价（占 50%）	小组互评（占 50%）	获得经验值
理论知识	Python 的相关知识	10			
技术能力	配置安装环境	15			
学习重点	运行 Python 程序	10			
姓名：	所在小组：	今日助教：	日期：		

任务模拟测试题

一、单项选择题

1. Python 的创始人是(　　)。

A. Bill Gates　　B. Guido van Rossum

C. Linus Torvalds　　D. Mark Zuckerberg

2. Python 的语法特点不包括(　　)。

A. 使用缩进表示代码块　　B. 动态类型

C. 需要显式声明变量类型　　D. 跨平台性

3. 以下哪项是 Python 在机器学习领域的常用库？(　　)

A. Django　　B. TensorFlow　　C. OpenCV　　D. Flask

4. 安装 Python 解释器时，必须勾选(　　)。

A. Install launcher for all users　　B. Add Python to PATH

C. Disable path length limit　　D. Precompile standard library

5. 在 PyCharm 中运行 Python 程序的快捷键是(　　)。

A. Ctrl+C　　B. Shift+F10　　C. Alt+F4　　D. Ctrl+S

6. Anaconda 用于管理虚拟环境的命令是(　　)。

A. conda create　　B. pip install　　C. git clone　　D. python run

7. YOLO 目标检测模型的优势是(　　)。

A. 仅支持 CPU 运算　　B. 单阶段实时检测

C. 需要大量标注数据　　D. 仅适用于图像分类

8. 配置 PyTorch 时，指定 CUDA 版本的参数是(　　)。

A. --cpu　　B. --cuda=11.3　　C. --gpu　　D. --device=0

9. 以下哪项属于 Python 在金融科技中的应用？(　　)

A. 图像分类　　B. 量化交易　　C. 文本翻译　　D. 游戏开发

10. 使用清华大学镜像源安装库的命令格式是(　　)。

A. pip install numpy

B. pip install numpy -i https://pypi.tuna.tsinghua.edu.cn/simple

C. conda install numpy

D. python install numpy

二、多项选择题

1. Python 的特点包括(　　)。

A. 开源免费　　B. 静态类型　　C. 跨平台性　　D. 语法冗长

2. 以下选项中属于 Python 在数据科学领域的库是(　　)。

A. Pandas　　B. NumPy　　C. Matplotlib　　D. Scrapy

3. 安装 Anaconda 后需要配置的环境变量路径包括(　　)。

A. Python 安装目录　　B. Anaconda 安装目录下的 Scripts 文件夹

C. PyCharm 安装目录　　D. 用户桌面路径

4. YOLOv5 训练模型时需要修改的配置文件是(　　)。

A. detect.py　　B. yolov5s.yaml　　C. requirements.txt　　D. coco.yaml

5. 以下选项中属于人工智能伦理问题的是(　　)。

A. 数据隐私泄露　　B. 算法歧视　　C. 代码可读性差　　D. 模型训练速度慢

三、简答题

1. Python 的动态类型特点是什么?

2. 请描述 HelloWord 程序从环境配置到结果输出的完整流程。

项目三

人工智能机器学习——建立客户细分模型、检测葡萄酒质量

本项目视频资源

学习目标

知识目标

1. 掌握机器学习的核心概念及适用场景。
2. 能列举常见机器学习算法的核心思想及适用领域。
3. 能描述机器学习流程,包括数据预处理、模型训练、评估与优化的基本步骤。
4. 能理解机器学习技术的伦理边界。

能力目标

1. 能完成基础数据预处理与简单模型训练。
2. 能选择合适的评估指标对分类或回归模型进行性能评估。
3. 能通过交叉验证与参数调整提高模型泛化能力。
4. 能结合实际案例分析机器学习技术的适用性与局限性。

思政(素质)目标

1. 培养数据伦理意识:理解数据收集与使用的隐私保护要求,培养合法合规使用数据的社会责任感。

2. 树立技术向善理念:在模型开发中关注算法公平性,避免技术滥用对社会弱势群体造成伤害。

任务准备

一、什么是机器学习

人工智能学科体系涵盖多元技术路径,既包含以机器学习(Machine Learning, ML)和

深度学习（Deep Learning，DL）为代表的自适应算法，也涵盖诸多非学习型方法论。以早期国际象棋程序为例，这类系统依托开发者精心构建的硬编码决策树完成智能判断，本质上并无学习特性。在学科发展历程里，符号主义人工智能（Symbolic AI）曾长期占据主导地位。该学派主张通过人工构建完备的知识表征与逻辑推理系统，实现类人智能。这一理论范式自 20 世纪 50 年代兴起，于 80 年代在专家系统研发热潮中走向鼎盛。人工智能、机器学习与深度学习的关系如图 3-1 所示 。

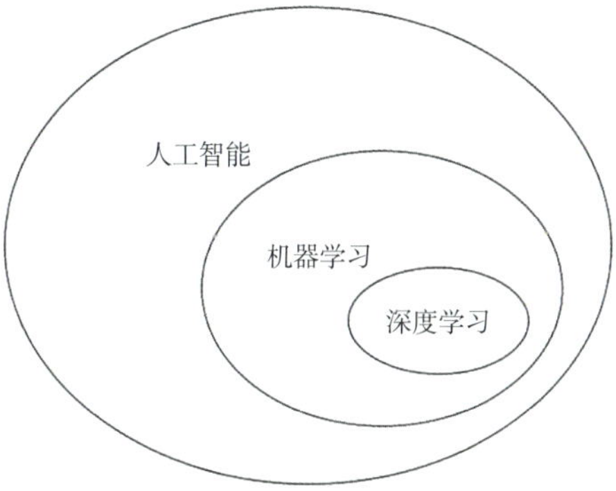

图 3-1　人工智能、机器学习与深度学习的关系

符号主义人工智能在解决边界清晰的逻辑问题（如棋类博弈）时优势十分显著，然而在处理图像识别、语音交互等非结构化任务时却陷入了根本性困境。面对这一困境，计算机科学界开启了新探索：机器能否在没有预设规则的前提下，通过数据观测自主提炼出规律？这一思考，最终催生出具有革命性的机器学习范式。

与传统编程范式（开发者输入既定规则和待处理数据，系统输出计算结果）不同，机器学习颠覆性地重构了智能系统的构建逻辑，即通过输入海量样本数据及其对应标注，系统会自动推导出内在的决策规则，并将这些规则应用于未知数据的处理过程，机器学习范式如图 3-2 所示。这种范式转换不仅使计算机实现了“自主进化”的可能，还从根本上拓宽了人工智能的应用范围。

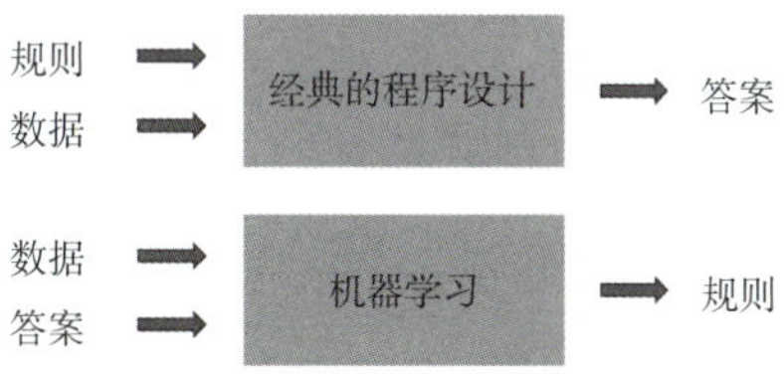

图 3-2　机器学习范式

机器学习系统的构建范式实现了知识发现路径的范式转移，即通过数据驱动模式自主演化决策逻辑，而非依赖人工编码的显式指令。凭借计算能力的指数级增长与数据资源的规模化积累，机器学习在 20 世纪 90 年代迎来爆发式发展。

值得注意的是，机器学习擅长处理高维非结构化数据。例如：百万量级的图像数据集，每幅图像包含数万像素的复杂特征，而传统统计方法在此类场景中将遭遇维度灾难；学科发展呈现出鲜明的实证主义方法论特征，相较于统计学严谨的数学公理体系，更强调工程实现与效用验证；形成独特的“实践优先”研究范式——智能系统的优化迭代主要依托实验验证而非理论完备性推导。这种特征使机器学习成为一门需要持续通过技术试错来拓展认知边界的实证科学。

二、机器学习的四个分支

机器学习大致可分为四大类：监督学习、无监督学习、自监督学习、强化学习。

1. 监督学习

目前，最常见的机器学习类型是监督学习。给定一组样本，它可以学会将输入数据映射到已知目标。一般而言，近年来备受关注的深度学习应用几乎都属于监督学习范畴，如光学字符识别、图像分类、语言翻译、语音识别。虽然监督学习主要包括分类和回归，但还有更多独特的变体，主要包括如下几种。

（1）序列生成（Sequence Generation）：根据输入数据或上下文自动生成有序的序列。模型需捕捉序列中远距离元素的关系，生成结果需多样且逻辑自洽。

（2）目标检测（Object Detection）：识别图像或视频中特定物体的类别并确定其位置。其核心挑战在于同时实现高精度分类和精准定位，以及应对遮挡、复杂光照等场景。

（3）图像分割（Image Segmentation）：将图像划分为具有特定语义的区域，实现像素级别的分类与理解。在为每个像素分配类别标签或实例标识时，其分割精度和效率持续提升，复杂场景下的泛化性、实时性与标注成本仍是主要挑战。

（4）语法树预测（Syntax Tree Prediction）：旨在解析句子的语法结构，生成表示词语间语法关系的树状结构。

2. 无监督学习

无监督学习作为数据科学的核心方法体系，其本质是通过自组织机制揭示数据内在结构特征，而非依赖预设目标进行指导。该技术范式致力于实现多维数据的特征空间重构，其功能价值主要体现在四大维度：通过可视化映射实现高维数据的认知降维、运用信息压缩方法消除数据冗余、采用噪声分离技术提升数据质量，以及挖掘变量间潜在的关联模式。

该领域已形成两大经典技术范式：一是降维算法，通过线性投影或非线性流形学习，在保持数据结构最大信息量的前提下实现维度约简；二是聚类分析，运用层次聚类、密度聚类等算法揭示数据内在的群体分布模式。

3. 自监督学习

自监督学习的本质是创新性地将监督学习的架构与无监督学习的资源需求相结合，形成独特的“数据自监督”学习机制。其技术特征体现为在保持监督学习范式结构的前提下，通过数据的内在属性自动生成监督信号，从而摆脱对人工标注的依赖。

从技术实现层面分析，自监督系统包含三个核心构件：数据自生成模块、伪标签构造模块以及表征学习模块。这种学习范式模糊了传统机器学习范式的边界，当研究者关注目标函数构造时，可将其归类为监督学习；当强调数据内在结构挖掘时，又可视为无监督学习的延伸。这种范式融合趋势正在催生新的研究方向，推动着机器学习基础理论的范式演进。

4. 强化学习

强化学习作为机器学习领域独特的决策范式，长期处于理论探索阶段，直至 2013 年 DeepMind 突破性研究成果的发布才彻底改变了其发展轨迹。该团队提出的深度 Q 网络（DQN）算法，首次实现智能体直接从 Atari 2600 游戏的像素输入中学习控制策略。2016 年 AlphaGo 在围棋领域战胜世界冠军李世石的里程碑事件，更标志着强化学习在复杂决策问题上达到了全新高度。

强化学习的核心架构构建于马尔可夫决策过程（MDP）之上，包含三个核心要素：智能体通过传感器获取环境状态，基于策略选择行动，继而获得环境反馈的奖励信号。这种"试错—反馈—优化"的闭环机制，使其适用于序列决策问题。分类和回归术语见表 3-1。

表 3-1　分类和回归术语表

术语	说明
样本（Sample）或输入（Input）	进入模型的数据点
预测（Prediction）或输出（Output）	从模型中提出的结果
目标（Target）	真实值。对于外部数据源，理想情况下，模型应该能够预测出目标
预测误差（Prediction Error）或损失值（Loss Value）	模型预测与目标之间的距离
类别（Class）	分类问题中可供选择的一组标签。例如，对猫、狗图像进行分类时，"狗"和"猫"就是两个类别
标签（Label）	分类问题中类别标注的具体例子。如果 1234 号图像被标注为包含类别"狗"，那么"狗"就是 1234 号图像的标签
真值（Ground-truth）或标注（Annotation）	数据集的所有目标，通常由人工收集
二分类（Binary Classification）	一种分类任务，每个输入样本都应被划分到两个互斥的类别中
多分类（Multiclass Classification）	一种分类任务，每个输入样本都应被划分到两个以上的类别中，比如手写数字分类
多标签分类（Multilabel Classification）	一种分类任务，每个输入样本都可以分配多个标签。如果一个图像里既有猫又有狗，那么应该同时标注"猫"标签和"狗"标签。每个图像的标签数量是可变的
标量回归（Scalar Regression）	目标是实现连续标量值的任务。预测房价就是一个很好的例子，不同的目标价格形成一个连续的空间
向量回归（Vector Regression）	目标是一组连续标量值（如连续向量）的任务。如果对多个值（比如图像边界框的坐标）进行回归，那就是向量回归
小批量（Mini-batch）或批量（Batch）	模型同时处理的一小部分样本（样本数量通常为 8~128 个）。样本数量常取 2 的幂次，以便于 GPU 进行内存分配。训练时，小批量样本用于为模型权重计算一次梯度下降更新

三、机器学习的工作流程

1. 定义问题，收集数据

首先，要准确定义要解决的问题，明确输入数据与预测问题。只有拥有可用的训练数据，才能实现对特定目标的预测学习。其次，要明确问题的类型，是二分类问题、多分类问题、标量回归问题、向量回归问题，还是多分类、多标签问题，抑或是聚类、生成、强化学习等其他类型？

确定问题类型是选择模型架构、损失函数的前提。只有明确了输入、输出及所使用的数据，才能进入下一阶段。同时要注意在这一阶段所做的假设。假设输出是可以根据输入进行预测的，假设可用数据包含足够多的信息，足以学习输入和输出之间的关系。当然，在开发出工作模型之前，这些均为假设，等待验证真假。并非所有问题都可以解决。

即使收集了包含输入 X 和目标 Y 的大量样例，也不意味着 X 包含足够预测 Y 的信息。例如，若试图根据某股票的近期历史价格预测其未来走势，成功概率通常较低，因为历史价格本身可能未包含充足的预测信息。

2. 选择衡量成功的指标

要使一个机器学习任务成功，就必须给出成功的标准：精确度、准确率或召回率等。这些衡量成功的指标将为机器学习模型选择损失函数提供思路，即明确模型优化方向。监督学习指标矩阵见表 3-2。

表 3-2　监督学习指标矩阵

分类任务		回归任务	
场景	核心指标	需求维度	指标
二分类平衡	准确率（Accuracy）	绝对误差	MAE
二分类不平衡	F1-Score	均方根误差	RMSE
多分类	宏平均 F1（Macro-F1） 微平均 F1（Micro-F1）	平均绝对百分数误差	MAPE
多标签分类	汉明损失（Hamming Loss） 子集准确率（Exact Match）	决定系数	R^2

3. 确定评估方法

在机器学习中，模型评估是验证模型性能和泛化能力的关键步骤。评估方法的选择需综合考虑问题类型、数据规模、数据分布特征及业务需求。评估模型的重点是合理划分数据集为训练集、验证集和测试集。具体而言，模型首先在训练集上学习，再通过验证集评估性能，并确定最优超参数，最终在测试集上验证其泛化能力。那么为何不直接采用训练集与测试集的两分法呢？核心原因在于模型开发过程中需要对超参数进行精细调节，而这一过程必须依赖验证集的性能反馈。

超参数调节本质上是一种特殊的“学习”过程，旨在通过参数空间搜索来优化模型性能。然而，若直接基于验证集结果反复调整超参数，必然导致验证集信息泄露。这种信息泄露源于每次调节都会使模型间接“记住”验证集的某些特征，即便未在验证集上进行显式训练。随着调节次数的增加，验证集的评估结果会逐渐偏离真实泛化能力，形成人为优化的假象。

测试集的存在正是为解决这一根本性问题。作为完全独立的数据集，测试集可确保模型性能评估的客观性。需特别强调的是，任何间接涉及测试集信息的操作均严格禁止，否则将导致泛化能力评估严重失真。在数据量有限的情况下，数据集划分需要采用更复杂的技术，下面介绍三种经典方法。

1）简单留出验证法

该方法将原始数据按预设比例划分为训练集和测试集，再从训练集中进一步划分出验证集。模型先在训练子集上训练，通过验证集确定最优超参数，最终在测试集上完成性能评估。其优势在于实现简单，但数据划分的随机性可能导致结果不稳定。

2）K 折交叉验证法

该方法将数据集等分为 K 个互斥子集，每次选择其中 K-1 个子集作为训练集，剩余 1 个子集作为验证集，重复 K 次训练-验证过程。最终评估结果取 K 次验证结果的均值，有效提升了验证结果的稳定性。K 折交叉验证法的工作原理如图 3-3 所示。

3）带数据打乱的重复 K 折验证法

作为 K 折交叉验证法的扩展，该方法在每次划分前对数据进行随机打乱，并重复执行多次 K 折验证过程。通过综合多次验证结果，该方法进一步降低了数据划分随机性对评估结果的影响，尤其适用于数据量较少但需要高精度评估的场景。

这些方法为不同规模的数据集提供了灵活的验证方案，确保模型评估结果既可靠又具有代表性。

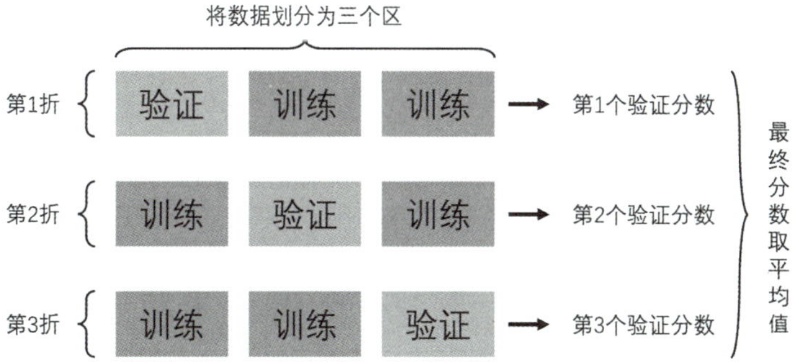

图 3-3　K 折交叉验证法的工作原理

4. 准备数据

一旦明确了训练目标、优化方向及评估标准，便为训练模型奠定了坚实基础。然而，在正式训练前，数据格式化是必不可少的环节，尤其是当目标模型为深度神经网络时。其核心任务是将数据转换为张量形式，因为深度学习框架普遍依赖张量进行高效计算。数据预处理的关键步骤见表 3-3。

表 3-3　数据预处理的关键步骤

张量格式化	所有输入数据需统一转换为张量，又称多维数组，确保与模型输入层维度匹配
归一化/标准化	**归一化**：将数据缩放至固定范围（如[0，1]或[-1，1]），常用方法包括最小-最大缩放（Min-Max Scaling） **标准化**：将数据调整为均值为 0、标准差为 1 的分布，尤其适用于梯度下降优化器，可加速收敛 若不同特征取值范围差异显著（如年龄 vs. 收入），需分别归一化或标准化，避免高数值范围特征主导模型学习
特征工程	**特征提取**：从原始数据中提取有意义的特征。 **特征选择**：通过相关性分析或降维技术减少冗余特征。 **特征增强**：对小数据集尤为重要，可通过数据增强或生成对抗网络（GAN）扩展数据规模

5. 开发比基准更好的模型

开发一个小型模型，其核心目标是突破纯统计功效的限制。具体而言，在本阶段，若模型能在分类任务中实现精度大于 0.1，或在其他类似任务中达到精度大于 0.5，则可认为该模型具备统计功效。然而，若经过精心构建，模型仍无法超越随机基准的统计功效，且尝试多种优化方法后仍无法改善，则可能表明输入数据中不包含问题的答案。此时，需重新审视两个基本假设。

（1）假设输出可根据输入进行预测。

（2）假设可用数据包含足够信息，足以揭示输入与输出之间的关系。

若这些假设不成立，则需从头开始；若进展顺利，下一步需选择三个关键参数以构建首个可运行的模型。

（1）最后一层激活函数：用于有效限制网络输出范围。

（2）损失函数：应与待解决问题类型相匹配。

（3）优化配置：需选择合适的优化器及学习率参数。

常见问题类型的最后一层激活函数和损失函数见表 3-4。

表 3-4　常见问题类型的最后一层激活函数和损失函数

问题类型	最后一层激活函数	损失函数
二分类问题	Sigmoid	binary_crossentropy
多分类、单标签问题	Softmax	categorical_corssentropy
多分类、多标签问题	Sigmoid	binary_ corssentropy
回归到任意值	无	mse
回归到 0~1 范围内的值	Sigmoid	mse 或 binary_ corssentropy

6. 扩大模型规模

成功构建出具备统计功效的模型后，接下来的关键问题在于：该模型是否足够强大？它是否拥有足够的层数和参数来有效建模目标问题？理想的模型应恰如其分地平衡欠拟合与过拟合，以及模型容量不足与容量过大的界限。为确定所需模型的规模，构建过拟合模型是行之有效的策略，具体实施步骤如下。

（1）增加网络层数：通过添加更多层来提升模型的复杂度。

（2）扩大层规模：增加每层神经元的数量，提高模型的表达能力。

（3）延长训练周期：增加训练轮次，使模型充分学习数据中的复杂模式。

在此过程中，需持续监控训练损失与验证损失的变化，以及关键指标在训练集和验证集上的表现。一旦发现验证集的性能开始下降，便意味着过拟合现象产生。随后，进入模型正则化和调优阶段，旨在优化模型性能，实现泛化能力与拟合能力的平衡。

7. 模型正则化与超参数调节

这一阶段往往最为耗时，需通过“调整—训练— 评估”的迭代循环，逐步逼近最优解。可采用以下优化策略。

（1）Dropout 机制：通过随机丢弃部分神经元，减小过拟合风险。

（2）调整网络架构：增加或减少网络层数，探索最适合问题的模型结构。

（3）添加正则化：通过约束模型参数，防止其过度复杂化。

（4）调整超参数：调整每层的神经元数量、优化器的学习率等，寻找最佳配置。

（5）进行特征工程（可选）：添加新特征或剔除无信息量的特征，提升模型性能。

需注意，每次基于验证反馈调整模型时，均可能导致验证数据信息泄露。若迭代次数较少，影响可忽略；但频繁迭代可能导致模型对验证集过拟合，削弱评估结果的可信度。

一旦开发出令人满意的模型配置，便可在所有可用数据（训练数据+验证数据）上训练最终模型，并在测试集上进行最后一次评估。若测试集上的性能显著低于验证集，需警惕验证流程失效或过拟合问题，建议采用重复 K 折交叉验证等更稳健的评估方法，确保模型泛化能力可靠。

任务实施

任务一　用聚类算法建立客户细分模型

客户细分是市场营销策略落地的核心前提，市场获取的数据通常无标注，因此将客户划分为不同簇群的过程属于典型的无监督学习任务。本项目聚焦于采用多种聚类算法构建客户细分模型，并通过系统性评估比较各算法在该场景下的应用优劣。

1. 准备数据集

本项目采用 UCI 机器学习仓库的 Wholesale Customers 数据集，数据源自某批发商的客户消费行为记录。数据集共包含 440 个样本，每个样本对应 8 个字段，其中 6 列为特征变量（无监督学习不需要标签）。

2. 构建均值漂移聚类模型

本项目用均值漂移算法构建模型，代码如下。

```
# 构建均值漂移聚类模型
from sklearn.cluster import MeanShift, estimate_bandwidth
bandwidth=estimate_bandwidth(dataset,quantile=0.8,
                                        n_samples=len(dataset))
meanshift=MeanShift(bandwidth=bandwidth,bin_seeding=True)
meanshift.fit(dataset) # 使用评估的带宽构建均值漂移模型,并进行训练
labels=meanshift.labels_
cluster_num=len(np.unique(labels))
centroids=meanshift.cluster_centers_
# 下面打印出簇群种类,和质心位置信息
print('Number of Clusters: {}'.format(cluster_num))
print('\t'.join([col_name[:5] for col_name in col_names]))
for centroid in centroids:
    print('\t'.join(str(int(x)) for x in centroid))
```

输出:

Number of Clusters: 8

Fresh Milk Groce Froze Deter Delic

9632 4671 6593 2570 2296 1248

40 204 46 314 57 584 5518 25 436 4241

16 117 46 197 92 780 1026 40 827 2944

22 925 73 498 32 114 987 20 070 903

112 151 29 627 18 148 16 745 4948 8550

36 847 43 950 20 170 36 534 239 47 943

32 717 16 784 13 626 60 869 1272 5609

8565 4980 67 298 131 38 102 1215

由此可见,均值漂移算法可自动将本项目的数据集划分为 8 个不同类别。查看聚类算法的效果图需要先自定义一个显示函数,用于展示各种不同聚类算法在不同数据集上的聚类效果。这个函数有一定的通用性,不仅可以用于均值漂移算法,还可以用于其他聚类算法。代码和运行结果如下。

```
def visual_cluster_effect(cluster,dataset,title,col_id):
    assert isinstance(col_id,list) and len(col_id)==2,'col_id must be list type and length must be 2'

    labels=cluster.labels_ # 每一个样本对应的簇群号码
#     print(labels.shape) # (440,) 440 个样本
    markers=['.',',','o','v','^','<','>','1','2','3','4','8'
                 ,'s','p','*','h','H','+','x','D','d','|']
    colors=['tab:blue', 'tab:orange', 'tab:green', 'tab:red', 'tab:purple',
            'tab:brown', 'tab:pink', 'tab:gray', 'tab:olive', 'tab:cyan']

    # 将数据集绘制到图表中
```

```
    plt.figure( )
    for class_id in set(labels):
        one_class=dataset[class_id==labels]
        print('label: {}, smaple_num: {}'.format(class_id,len(one_class)))
        plt.scatter(one_class[:,0],one_class[:,1],marker=markers[class_id%len(markers)],
                    c=colors[class_id%len(colors)],label='class_'+str(class_id))
    plt.legend( )

    # 将中心点绘制到图中
    centroids=meanshift.cluster_centers_
#     print(centroids.shape)# eg (8, 6) 8 个簇群,6 个 features
    plt.scatter(centroids[:,col_id[0]],centroids[:,col_id[1]],marker='o',
                s=100,linewidths=2,color='k',zorder=5,facecolors='b')
    plt.title(title)
    plt.xlabel('feature_0')
    plt.ylabel('feature_1')
    plt.show( )
```

使用 visual_cluster_effect 函数,可以查看本聚类算法在数据集上的表现。在以下代码中,主要查看 Fresh vs Milk 这一类产品的聚类效果。

```
visual_cluster_effect(meanshift,dataset,'MeanShift-X=fresh,y=milk',[0,1])
# X=fresh, y=milk
```

输出:

label: 0, smaple_num: 428
label: 1, smaple_num: 3
label: 2, smaple_num: 1
label: 3, smaple_num: 1
label: 4, smaple_num: 3
label: 5, smaple_num: 1
label: 6, smaple_num: 1
label: 7, smaple_num: 2

最后用轮廓系数评估模型的优劣,评价代码如下。

```
# 使用轮廓系数评估模型的优劣
from sklearn.metrics import silhouette_score
si_score=silhouette_score(dataset,meanshift.labels_,
                          metric='euclidean',sample_size=len(dataset))
print('si_score: {:.4f}'.format(si_score))
```

任务二　基于决策树模型的葡萄酒质量检测

该项目基于决策树模型对葡萄酒进行分类，数据集包含 178 个样本，每个样本包含 13 个特征维度，涉及三种葡萄酒类型。通过导入相关库、读取数据、绘制二维分布、划分训练集和测试集，构建并优化决策树模型，最终实现葡萄酒品种的识别。

葡萄酒数据集作为模式识别领域的经典案例，广泛应用于分类算法的教学与验证。本项目数据集包含三类共 178 个样本，每个样本包含 13 个特征维度，可用于预测葡萄酒属于（雪莉、贝尔摩得、琴酒）中的哪一种。

1. 决策树模型理论介绍

决策树是一种监督学习方法，可用于解决分类和回归问题。其基本思想是通过层级化的条件判断构建决策路径：从根节点出发，依据属性测试条件逐级分裂，最终抵达叶子节点并输出类别标签或数值结果。决策树具有良好的可解释性，使得非技术用户也能理解模型的决策过程。决策树主要组成部分如下。

（1）根节点：无进入条件，是所有决策路径的起点。

（2）内部节点：表示一个测试条件。

（3）分支：从一个节点到另一个节点的有向边，表示测试条件的结果。

（4）叶子节点：包含类别标签或数值输出，是决策路径的终点。

2. 决策树的关键步骤

（1）选择最佳分裂属性：通过计算信息增益、基尼不纯度等指标确定哪个属性能够提供最好的数据分割。

（2）递归地创建子树：对每个子节点重复上述过程，直到满足终止条件（如达到最大深度、节点内数据量小于阈值等）。

（3）剪枝：为防止过拟合，可以采用预剪枝或后剪枝策略简化树结构。

3. 参数介绍

在构建决策树模型时，需要设置重要的参数以控制模型的行为。这些参数直接影响决策树的结构和性能。一些主要参数及其作用如下。

（1）criterion：定义了分裂的质量标准，常见的选项有“gini”（基尼不纯度）和“entropy”（信息熵）。

（2）splitter：决定了如何选择分割点，可以是“best”（选择最优分割点）或“random”（随机选择分割点）。

（3）max_depth：树的最大深度，用于限制模型的复杂度，防止过拟合。

（4）min_samples_split：分割内部节点所需的最小样本数，用于控制模型复杂度。

（5）min_samples_leaf：叶节点所需的最小样本数，确保每个叶子节点数据都具有代表性。

（6）min_weight_fraction_leaf：叶节点所需的最小加权分数，用于处理不平衡数据集。

（7）max_features：寻找最佳分割时考虑的特征数量，可以提高模型训练速度。

（8）random_state：随机种子，保证运行结果的一致性。

(9)max_leaf_nodes：最大叶节点数，进一步限制树的大小。

(10)class_weight：类别的权重，对于不平衡数据集非常有用。

(11)ccp_alpha：复杂度参数，用于剪枝，减小过拟合风险。

4. 数据准备

加载葡萄酒数据集，并将其转换为 Pandas DataFrame 格式，方便后续进行数据处理。

```
from sklearn.datasets import load_wine

# 加载数据集
data = load_wine( )

# 数据转换
df = pd.DataFrame(data.data, columns=data.feature_names)
df['Target'] = data.target

# 缺失值检测
missing_values = df.isnull( ).sum( )
print("缺失值检测结果：\n", missing_values)
```

对数据进行标准化处理，以消除特征之间量纲差异的影响。为提升某些类型模型的性能，使用 StandardScaler 对特征进行标准化，使得每个特征的均值为 0，方差为 1。

```
from sklearn.preprocessing import StandardScaler

# 数据提取
X = df.drop('Target', axis=1)
y = df['Target']

# 数据标准化
scaler = StandardScaler( )
X_scaled = scaler.fit_transform(X)
```

1)模型训练

先将数据集划分为训练集和验证集；然后构建一个决策树分类器，并通过十折交叉验证，得到模型在训练集上的平均准确率，从而评估模型的稳定性和泛化能力；最后使用训练集对模型进行训练。

```
from sklearn.model_selection import train_test_split, cross_val_score, KFold
from sklearn.tree import DecisionTreeClassifier

# 划分训练集和验证集
X_train, X_val, y_train, y_val = train_test_split(X_scaled, y, test_size=0.2, random_state=42)
```

```
# 构建模型
model = DecisionTreeClassifier(
    criterion='gini',  # 分裂的质量标准
    splitter='best',  # 决定如何选择分割点
    max_depth=5,  # 树的最大深度
    min_samples_split=2,  # 分割内部节点所需的最小样本数
    min_samples_leaf=1,  # 叶节点所需的最小样本数
    min_weight_fraction_leaf=0.0,  # 叶节点所需的最小加权分数
    max_features=None,  # 寻找最佳分割时要考虑的特征数量
    random_state=42,  # 随机种子
    max_leaf_nodes=None,  # 最大叶节点数
    class_weight=None,  # 类别的权重
    ccp_alpha=0.0  # 复杂度参数,用于剪枝
)

# 十折交叉验证
kf = KFold(n_splits=10, shuffle=True, random_state=42)

cv_scores = cross_val_score(model, X_train, y_train, cv=kf, scoring='accuracy')
print(f"平均准确率: {np.mean(cv_scores)}")

# 训练模型
model.fit(X_train, y_train)
```

2）模型评估

模型训练完成后，需要对其进行评估，以了解其在未见数据上的表现。常用的评估指标包括准确率、精确率、召回率和F1分数。

```
from sklearn.metrics import accuracy_score, precision_score, recall_score, f1_score, confusion_matrix

# 模型预测
y_val_pred = model.predict(X_val)

# 计算混淆矩阵
conf_matrix = confusion_matrix(y_val, y_val_pred)

# 计算分类评估指标
accuracy_val = accuracy_score(y_val, y_val_pred)
precision_val = precision_score(y_val, y_val_pred, average='weighted')
recall_val = recall_score(y_val, y_val_pred, average='weighted')
f1_val = f1_score(y_val, y_val_pred, average='weighted')

print(f"准确率: {accuracy_val}")
print(f"精确率: {precision_val}")
```

```
print(f"召回率: {recall_val}")
print(f"F1 分数: {f1_val}")
```

3)结果可视化

为了更直观地展示模型的性能,可以通过绘制混淆矩阵热力图和决策树图来帮助理解和解释模型。

```
import seaborn as sns
import matplotlib.pyplot as plt
from graphviz import Source

# 可视化混淆矩阵
sns.heatmap(conf_matrix, annot=True, fmt='d', cmap='Blues', xticklabels=data.target_names, yticklabels=data.
target_names)
plt.title(f'混淆矩阵')
plt.xlabel("预测值")
plt.ylabel("真实值")
plt.show( )

# 绘制决策树图
graph = Source(export_graphviz(model, out_file=None,
                              feature_names=data.feature_names,
                              class_names=data.target_names,
                              filled=True, rounded=True,
                              special_characters=True))
graph.format = 'png'
graph.render('decision_tree', view=True)
```

4)完整代码

```
import numpy as np
import pandas as pd
from sklearn.model_selection import train_test_split, cross_val_score, KFold
from sklearn.tree import DecisionTreeClassifier, export_graphviz
from sklearn.preprocessing import StandardScaler
from sklearn.metrics import accuracy_score, precision_score, recall_score, f1_score, confusion_matrix
import seaborn as sns
from sklearn.datasets import load_wine
import matplotlib.pyplot as plt
import warnings
from graphviz import Source

warnings.filterwarnings("ignore")
```

```
# 设置中文字体为 SimHei
plt.rcParams['font.sans-serif'] = ['SimHei']
plt.rcParams['axes.unicode_minus'] = False

# 加载数据集
data = load_wine( )

# 数据转换
df = pd.DataFrame(data.data, columns=data.feature_names)
df['Target'] = data.target

# 缺失值检测
missing_values = df.isnull( ).sum( )
print("缺失值检测结果:\n", missing_values)

# 数据提取
X = df.drop('Target', axis=1)
y = df['Target']

# 数据标准化
scaler = StandardScaler( )
X_scaled = scaler.fit_transform(X)

# 划分训练集和验证集
X_train, X_val, y_train, y_val = train_test_split(X_scaled, y, test_size=0.2, random_state=42)

# 构建模型
model = DecisionTreeClassifier(
    criterion='gini',  # 分裂的质量标准
    splitter='best',  # 决定如何选择分割点
    max_depth=5,  # 树的最大深度
    min_samples_split=2,  # 分割内部节点所需的最小样本数
    min_samples_leaf=1,  # 叶节点所需的最小样本数
    min_weight_fraction_leaf=0.0,  # 叶节点所需的最小加权分数
    max_features=None,  # 寻找最佳分割时要考虑的特征数量
    random_state=42,  # 随机种子
    max_leaf_nodes=None,  # 最大叶节点数
    class_weight=None,  # 类别的权重
    ccp_alpha=0.0  # 复杂度参数,用于剪枝
)


# 十折交叉验证
kf = KFold(n_splits=10, shuffle=True, random_state=42)
```

```
cv_scores = cross_val_score(model, X_train, y_train, cv=kf, scoring='accuracy')
print(f"平均准确率: {np.mean(cv_scores)}")

# 训练模型
model.fit(X_train, y_train)

# 模型预测
y_val_pred = model.predict(X_val)

# 计算混淆矩阵
conf_matrix = confusion_matrix(y_val, y_val_pred)

# 计算分类评估指标
accuracy_val = accuracy_score(y_val, y_val_pred)
precision_val = precision_score(y_val, y_val_pred, average='weighted')
recall_val = recall_score(y_val, y_val_pred, average='weighted')
f1_val = f1_score(y_val, y_val_pred, average='weighted')

print(f"准确率: {accuracy_val}")
print(f"精确率: {precision_val}")
print(f"召回率: {recall_val}")
print(f"F1 分数: {f1_val}")

# 可视化混淆矩阵
sns.heatmap(conf_matrix, annot=True, fmt='d', cmap='Blues', xticklabels=data.target_names, yticklabels=data.
target_names)
plt.title(f'混淆矩阵')
plt.xlabel("预测值")
plt.ylabel("真实值")
plt.show()

# 绘制决策树图
graph = Source(export_graphviz(model, out_file=None,
                               feature_names=data.feature_names,
                               class_names=data.target_names,
                               filled=True, rounded=True,
                               special_characters=True))
graph.format = 'png'
graph.render('decision_tree', view=True)
```

人工智能故事

沃尔玛的“啤酒与尿布”关联规则挖掘:数据驱动的商业传奇

一、故事背景:从数据迷雾到商业洞察

20世纪90年代,美国沃尔玛超市的销售团队在分析海量交易数据时,发现了一个令人费解的现象:尿布和啤酒这两类看似毫无关联的商品,竟频繁出现在同一个购物篮中。这一发现起初被视为数据噪声,但沃尔玛的数据科学家决定深入挖掘背后的规律。

经过对消费者行为的追踪调查,他们发现:年轻父亲群体是这一现象的主要推动者。在美国,母亲通常负责照顾婴儿,而父亲则负责购买尿布。许多年轻父亲在完成“家庭任务”的同时,会顺带购买啤酒作为个人犒赏,尤其是在周五晚间的购物高峰时段。这一行为模式揭示了隐藏在数据背后的“生活切片”——家庭责任与个人需求的微妙平衡。

二、技术突破:关联规则与Apriori算法

沃尔玛的这一发现并非偶然,而是依托于当时最前沿的关联规则挖掘技术。1993年,Agrawal等人提出的Apriori算法成为关键工具,其核心是通过两步挖掘频繁项集。

(1)频繁项集发现:通过扫描交易数据,统计商品组合的出现频率(支持度),筛选出超过最小阈值的组合(如“尿布+啤酒”的支持度为5%)。

(2)规则生成:从频繁项集中提取高置信度的关联规则(如“购买尿布→购买啤酒”的置信度为70%),并通过计算提升度(Lift)验证规则的有效性。

通过这一技术,沃尔玛不仅验证了尿布与啤酒的强关联性,还发现了其他隐藏组合(如“装饰烛台+厨房餐具”),为精准营销提供了有力的数据支撑。

三、商业落地:从数据到行动

沃尔玛迅速将这一洞察转化为商业策略:一是优化陈列,将啤酒与尿布摆放在相邻货架上,减少顾客寻找商品的时间,提升购物效率;二是捆绑促销,设计组合优惠包,刺激连带消费,如“尿布+啤酒”专属折扣券;三是时段营销,在周五晚间的购物高峰时段,增加啤酒的补货频率,并同步开展促销活动。

调整后,尿布和啤酒的销售额实现了30%的显著增长,这一案例成为零售业“数据驱动决策”的经典范例。

四、争议与启示:真实性与技术局限

尽管“啤酒与尿布”故事的真实性曾遭质疑,但沃尔玛的官方记录和《财富》杂志的报道证实了该案例的真实性。然而,这一案例也暴露出早期关联规则的局限性。

(1)数据偏差:算法依赖历史交易数据,可能忽略少数群体需求(如不饮酒家庭的购物习惯)。

(2)因果混淆:关联规则不等同于因果关系,需结合实地调研验证关联规则的实际意义。

五、尾声:从超市货架到数据科学的星辰大海

“啤酒与尿布”不仅是零售业的经典案例,更象征着数据科学从理论到实践的跨越。正如沃尔玛前首席信息官所言:“数据不会说谎,但需要智慧的眼睛去发现真相。”这一案例提醒我们:在算法的逻辑与人类行为的复杂特性之间,始终存在着值得深入探讨的广阔空间。

评价与考核

思政(素质)目标考核评价表

时事问题讨论考核评价表

姓名：　　　　所在小组：　　　　今日助教：　　　　日期：

主题内容	对本次课前测试中的时事问题进行讨论，并交流自己的体会		
评价项目	评价要求	经验值	获得经验值
内容	讨论内容紧扣主题，见解独到深刻，积极向上，对其他同学有启发或触动作用	3	
态度	积极主动	2	

时事讲述考核评价表

主题内容	对本次课程导入的时事案例进行讲述或演述，并列举相关案例		
评价项目	评价要求	经验值	获得经验值
语言表达	声音洪亮，口齿清晰，语速适当	1	
肢体表达	动作适当，举止自然得体	1	
拓展内容	案例适当，有较好的引申作用	2	
现场效果	具有较强的吸引力，效果良好	3	

小组汇报考核评价表

人工智能机器学习考核评价表

评价项目	评价要求	经验值	教师评价（占 50%）	小组互评（占 50%）	获得经验值
理论知识	机器学习相关知识	10			
技术能力	实现机器学习任务	15			
学习重点	经典机器学习框架搭建	10			

姓名：　　　　所在小组：　　　　今日助教：　　　　日期：

任务模拟测试题

一、单项选择题

1. 以下哪种学习方式属于监督学习？（　　）

A. 聚类分析　　B. 决策树分类

C. 主成分分析（PCA）　　D. 关联规则挖掘

2. 过拟合的主要原因是（　　）。

A. 模型过于简单　　B. 训练数据量不足

C. 特征选择过多　　D. 学习率设置过高

3. 在分类问题中，评估模型性能的常用指标是（　　）。

A. 均方误差（MSE）　　B. 准确率（Accuracy）

C. R^2 值　　D. 调和平均数（F1-score）

4. 线性回归模型适用于（　　）。

A. 分类任务　　B. 回归任务　　C. 聚类任务　　D. 降维任务

5. 梯度下降算法的主要作用是（　　）。

A. 计算模型复杂度　　B. 优化模型参数

C. 处理缺失值　　D. 生成特征的重要性

二、多项选择题

1. 以下哪些方法可以缓解过拟合？（　　）

A. 增加训练数据量　　B. 降低模型复杂度

C. 提高学习率　　D. 使用正则化（如 L1/L2）

2. 常见的监督学习算法包括（　　）。

A. K-Means 聚类　　B. 支持向量机（SVM）

C. 随机森林　　D. 神经网络

3. 无监督学习的典型应用场景有（　　）。

A. 客户分群　　B. 垃圾邮件识别　　C. 图像分类　　D. 异常检测

4. 在模型评估中，交叉验证的优点是（　　）。

A. 减小过拟合风险　　B. 降低计算复杂度

C. 充分利用数据　　D. 直接提升模型准确率

三、简答题

1. 简述监督学习与无监督学习的核心区别，并各举一个实际应用的例子。

2. 解释“过拟合”现象，并列举两种解决方法。

项目四

人工智能深度学习——股票预测、鸢尾花识别

本项目视频资源

学习目标

知识目标

1. 能描述深度学习的基本概念、发展历程及其在当代社会的应用现状。
2. 能列举并区分常见神经网络结构的特点及适用场景。
3. 能解释深度学习在计算机视觉、自然语言处理等领域的典型应用案例。
4. 能理解深度学习技术应用中的伦理挑战及行业规范要求。

能力目标

1. 能使用 PyTorch 搭建简单的神经网络模型。
2. 能完成基础数据预处理并选择合适的评估指标。
3. 能通过调整学习率、批量大小等超参数优化模型性能。
4. 能结合实际场景分析深度学习技术的适用性和局限性。

思政(素质)目标

1. 培养科技伦理意识,理解深度学习技术应用中隐私保护、算法公平性等社会责任。
2. 树立正确的职业价值观,在技术实践中强化团队协作意识和社会服务精神。
3. 警惕技术滥用风险,提高对模型结果的客观分析能力,认识股票预测任务的局限性。

任务准备

一、深度学习之深度

深度学习是机器学习领域中的一个重要分支。它是一种从数据中学习特征表示的新方法,其核心优势在于通过连续层(Layer)逐步提取抽象特征 —— 每一层都对应更高级、更

具语义的信息表达。

在“深度学习”这个术语中，“深度”并非指理解的深刻性，而是特指模型包含的连续表示层层数。数据模型所包含的层数，被称作模型的深度，在该领域也被称作分层表示学习（Layered Representations Learning）和层级表示学习（Hierarchical Representations Learning）。现代深度学习模型通常包含数十个，甚至上百个连续的表示层，并且这些表示层都是从训练数据中自动学习得到的。

与之对比，其他机器学习方法往往只学习一两层的数据表示，因此被称为浅层学习（Shallow Learning）。

在深度学习中，这些分层表示几乎都是借助神经网络（Neural Network）模型来学习的。神经网络的结构是逐层堆叠的。虽然深度学习的一些核心概念在一定程度上借鉴了人们对大脑的理解，但模型机制与大脑的工作机制完全不同。目前并没有证据表明大脑的学习机制和现代深度学习模型所采用的机制是一样的。

一些科普类的文章提到，深度学习的工作原理和大脑相似，或者是按照大脑的工作原理构建的，但实际情况并非如此。对于初学者来说，无须纠结其与神经生物学的假想关联，只需理解深度学习本质上是一种学习数据特征表示的数学框架。

深度学习算法学到的表示可通过多层网络对数字图像的分类过程来理解，该过程用于识别图像中的数字。数字识别神经网络结构如图 4-1 所示。

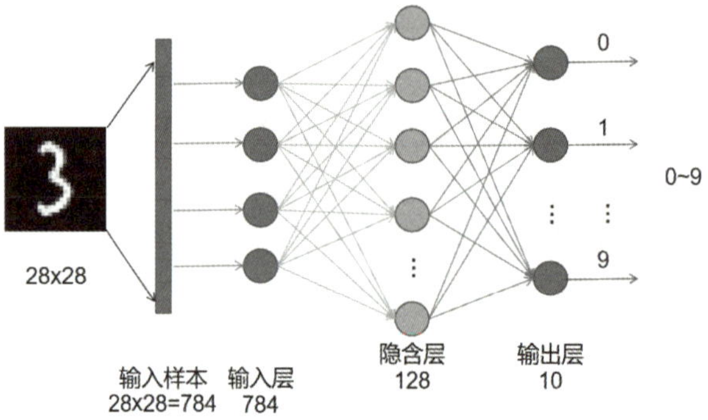

图 4-1　数字识别神经网络结构

多层神经网络处理图像时，会把数字图像逐步转化为一系列与原始图像差异越来越大的内部表示形式。不过，在这个过程中，关于最终结果（即期望从图像中获取的关键信息）的内涵却越来越丰富。可以把深度网络想象成一个多级的信息蒸馏装置，信息在经过连续的“过滤器”（网络中的各个层级）时，其“纯度”会不断提高，也就是这些信息对于完成特定任务的帮助越来越大。

这正是深度学习的技术性定义：一种学习数据表示的多层级方法。这种机制看似简单，但通过大规模网络结构的实现，却能产生令人惊叹的复杂任务解决能力。

二、深度学习的工作原理

机器学习的主要任务就是把输入数据（如一个图像）映射到对应的目标结果（如给这个图像打上“猫”的标签）。这一映射过程，是通过让机器观察大量输入数据和目标结果的示例来完成的。

深度神经网络则通过一系列简单的数据变换（即网络层）完成映射，而每层的变换方式均从示例中学习获得。

在神经网络中，每一层对输入数据所进行的具体操作，都保存在该层的权重当中。权重本质上就是一串数字。用专业术语来讲，每一层所实现的变换是由其权重来参数化的，也就是该层的参数。

在这种语境下，所谓的学习，就是要为神经网络的所有层找到一组合适的权重值。只有找到权重值，神经网络才能将输入示例准确地映射到目标结果。

但深度神经网络可能包含数千万个参数，要找到所有参数的正确取值极具挑战。特别是某个参数值的调整，可能会影响到其他所有参数的表现，这就进一步增加了找到正确参数值的难度。神经网络权重参数化如图 4-2 所示。

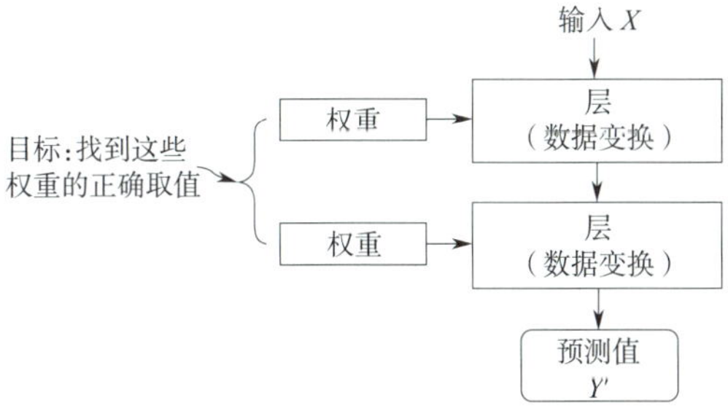

图 4-2　神经网络权重参数化

若要调控神经网络的输出结果，需衡量网络的实际输出值与预期值之间的差距。这一重要任务由神经网络中的损失函数（Loss Function）来承担。损失函数也被称为目标函数（Objective Function），其接收神经网络的预测值与真实的目标值（期望网络输出的结果）作为输入，并计算出一个差距值。这个差距值能够直观地反映神经网络在处理当前示例时的效果。损失值较小，说明网络预测值与真实的目标值较为接近，效果较好；反之，损失值较大，说明网络预测值与预期存在较大差异，效果欠佳。损失函数衡量网络输出质量如图 4-3 所示。

深度学习的关键在于以损失函数的损失值作为反馈信号，对神经网络各层的权重进行微调，从而降低当前示例对应的损失值，这一调节过程由优化器（Optimizer）完成。优化器采用反向传播（Backpropagation）算法，该算法堪称深度学习的核心算法。以损失函数的损失值作为反馈信号来调节权重如图 4-4 所示。

在神经网络的训练初始阶段，网络权重随机赋值。这就导致网络仅实现了一系列随机的数据变换。其输出的结果自然与理想值存在很大差距，相应地，计算得出的损失值也会很高。

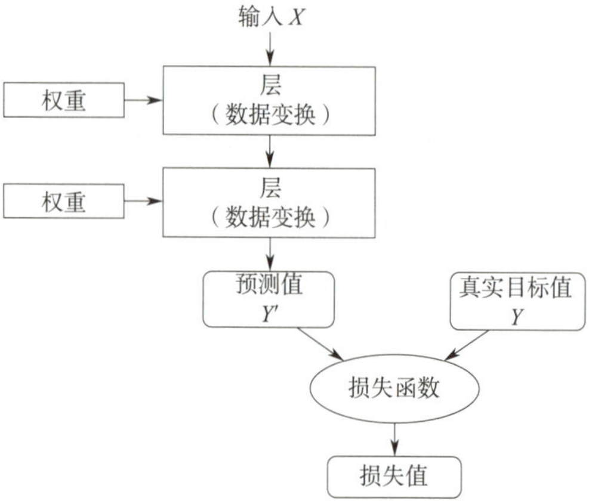

图 4-3　损失函数衡量网络输出质量

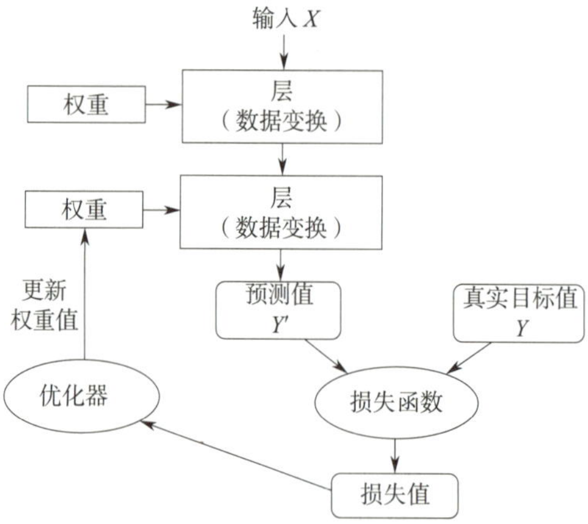

图 4-4　以损失函数的损失值作为反馈信号来调节权重

不过，随着网络不断处理更多的示例，权重会朝着正确的方向逐步微调。与此同时，损失值也会逐渐降低。这一过程被称为训练循环（Training Loop）：通过对数千个示例进行数十次迭代，不断调整权重，直至损失函数收敛至最小值，最终得到训练好的神经网络模型。

需强调的是，训练好的神经网络具有最小损失值，其输出值会尽可能地接近目标值。这就是一个看似简单的机制所产生的效果。一旦这个机制具备足够大的规模，就如同拥有神奇的魔力一般，能够发挥出巨大的作用。

三、深度学习的进展

深度学习作为机器学习领域的一个分支，虽然发展历程已不算短，但真正的崛起是在 21 世纪的第一个十年。在随后的几年间，深度学习在实践应用中取得了革命性的突破，在视觉和听觉等感知类问题上取得了令人瞩目的成果。这些问题所涉及的技术，在人类看来极为自然、直观，然而长期以来，机器却难以攻克。

值得一提的是，在机器学习历史上极具挑战性的领域中，深度学习已取得以下突破性进展。

（1）接近人类水平的图像分类：深度学习能够像人类一样，较为准确地识别图像中的物体类别。

（2）接近人类水平的语音识别：在语音识别方面，深度学习让机器能够更精准地理解人类所说的话语。

（3）接近人类水平的手写文字转录：对于手写文字，深度学习能实现高精度的转录，将手写内容转化为可编辑的文本。

（4）更好的机器翻译：深度学习大幅提升了机器翻译的质量，使翻译结果更加准确、自然。

（5）更好的文本到语音转换：深度学习使文本到语音的转换效果更加出色，语音更加流畅、逼真。

（6）数字助理：如亚马逊 Alexa 等产品能够理解用户指令并提供相应服务。

（7）接近人类水平的自动驾驶：在自动驾驶领域，深度学习助力车辆实现更智能的行驶决策，使其逐步接近人类驾驶员的水平。

（8）更好的广告定向投放：Google、百度、必应等搜索引擎都利用深度学习实现广告定向投放，提高广告效果。

（9）更好的网络搜索结果：深度学习优化了搜索引擎算法，为用户提供更相关和价值更高的搜索结果。

（10）能够回答用自然语言提出的问题：借助深度学习，系统可理解复杂问句的语境逻辑，提供结构化、精准化的答案输出。

（11）在围棋比赛中战胜人类：深度学习在围棋领域取得了重大突破，人工智能程序在围棋比赛中战胜了人类顶尖棋手。

目前，深度学习正从机器感知、自然语言处理向形式推理等领域拓展。若在逻辑演绎、科学发现等方向取得突破，其应用场景将进一步延伸至科研数据分析、自动化编程等领域，为人类智力活动提供更深度的技术支持。

任务实施

任务一　股票预测

本任务基于 PyTorch 构建长短期记忆网络（LSTM），针对股票收盘价（Close）单特征进行时序预测。LSTM 作为循环神经网络（RNN）的经典变体，因其独特的门控机制能够有效捕捉时间序列中的长期依赖关系，非常适合处理股票价格这类时序数据。股票价格走势本质上是典型的时间序列问题，通过 LSTM 可实现基于历史收盘价的未来趋势预测。

1. 数据准备

股票数据通常为多特征数据，但本任务仅聚焦单一特征——收盘价。具体而言，利用前

N 天的收盘价预测 *N*+1 天的收盘价，属于单变量时间序列预测。数据特征见表 4-1。

表 4-1　数据特征

字段	说明
Date	日期
Open	开盘价
High	最高价
Low	最低价
Close	收盘价
Adj Close	调整后的收盘价
Volume	交易量

2. 导入数据

```
import numpy as np
import pandas as pd
import matplotlib.pyplot as plt
import seaborn as sns
from sklearn.preprocessing import MinMaxScaler
filepath = 'D:/pythonProjects/LSTM/data/rlData.csv'
data = pd.read_csv(filepath)
# 将数据按照日期进行排序，确保时间序列递增
data = data.sort_values('Date')
# 打印前几条数据
print(data.head())
# 打印维度
print(data.shape)
```

3. 将股票数据收盘价进行可视化展示

```
# 设置画布大小
plt.figure(figsize=(15, 9))
plt.plot(data[['Close']])
plt.xticks(range(0, data.shape[0], 20), data['Date'].loc[::20], rotation=45)
plt.title(" Stock Price", fontsize=18, fontweight='bold')
plt.xlabel('Date', fontsize=18)
plt.ylabel('Close Price (USD)', fontsize=18)
plt.savefig('StockPrice.jpg')
plt.show()
```

4. 特征工程

```
# 选取 Close 作为特征
price = data[['Close']]
# 打印相关信息
print(price.info())
```

```
# 进行不同的数据缩放,将数据缩放到-1 和 1 之间,归一化操作
scaler = MinMaxScaler(feature_range=(-1, 1))
price['Close'] = scaler.fit_transform(price['Close'].values.reshape(-1, 1))
print(price['Close'].shape)
```

5. 数据集分割

```
# 用今天的收盘价预测明天的收盘价
# lookback 表示观察的跨度
def split_data(stock, lookback):
        # 将 stock 转化为 ndarray 类型
    data_raw = stock.to_numpy()
    data = [ ]
    # you can free play( seq_length )
    # 将 data 按 lookback 分组,data 为长度为 lookback 的 list
    for index in range(len(data_raw) - lookback):
        data.append(data_raw[index: index + lookback])
            data = np.array(data);
    print(type(data))   # (232, 20, 1)
    # 按照 8:2 进行训练集、测试集划分
    test_set_size = int(np.round(0.2 * data.shape[0]))
    train_set_size = data.shape[0] - (test_set_size)
    x_train = data[:train_set_size, :-1, :]
    y_train = data[:train_set_size, -1, :]
    x_test = data[train_set_size:, :-1]
    y_test = data[train_set_size:, -1, :]
    return [x_train, y_train, x_test, y_test]
lookback = 20
x_train, y_train, x_test, y_test = split_data(price, lookback)
print('x_train.shape = ', x_train.shape)
print('y_train.shape = ', y_train.shape)
print('x_test.shape = ', x_test.shape)
print('y_test.shape = ', y_test.shape)
```

6. 模型构建

```
import torch
import torch.nn as nn
x_train = torch.from_numpy(x_train).type(torch.Tensor)
x_test = torch.from_numpy(x_test).type(torch.Tensor)
# 真实的数据
y_train_lstm = torch.from_numpy(y_train).type(torch.Tensor)
y_test_lstm = torch.from_numpy(y_test).type(torch.Tensor)
y_train_gru = torch.from_numpy(y_train).type(torch.Tensor)
y_test_gru = torch.from_numpy(y_test).type(torch.Tensor)

# 输入的维度为 1，只有 Close 收盘价
input_dim = 1
# 隐藏层特征的维度
hidden_dim = 32
# 循环的 layers
num_layers = 2
# 预测后一天的收盘价
output_dim = 1
num_epochs = 100

class LSTM(nn.Module):
    def __init__(self, input_dim, hidden_dim, num_layers, output_dim):
        super(LSTM, self).__init__()
        self.hidden_dim = hidden_dim
        self.num_layers = num_layers
        self.lstm = nn.LSTM(input_dim, hidden_dim, num_layers, batch_first=True)
        self.fc = nn.Linear(hidden_dim, output_dim)
    def forward(self, x):
        h0 = torch.zeros(self.num_layers, x.size(0), self.hidden_dim).requires_grad_()
        c0 = torch.zeros(self.num_layers, x.size(0), self.hidden_dim).requires_grad_()
        out, (hn, cn) = self.lstm(x, (h0.detach(), c0.detach()))
        out = self.fc(out[:, -1, :])
        return out
model = LSTM(input_dim=input_dim, hidden_dim=hidden_dim, output_dim=output_dim, num_layers=num_
layers)
criterion = torch.nn.MSELoss()
optimiser = torch.optim.Adam(model.parameters(), lr=0.01)
```

7. 模型训练

```
import time
hist = np.zeros(num_epochs)
```

```
start_time = time.time()
lstm = []
for t in range(num_epochs):
    y_train_pred = model(x_train)
    loss = criterion(y_train_pred, y_train_lstm)
    print("Epoch ", t, "MSE: ", loss.item())
    hist[t] = loss.item()
    optimiser.zero_grad()
    loss.backward()
    optimiser.step()
training_time = time.time() - start_time
print("Training time: {}".format(training_time))
predict = pd.DataFrame(scaler.inverse_transform(y_train_pred.detach().numpy()))
print(predict)  # 预测值
original = pd.DataFrame(scaler.inverse_transform(y_train_lstm.detach().numpy()))
print(original)  # 真实值
```

8. 模型可视化结果

```
import seaborn as sns
sns.set_style("darkgrid")
fig = plt.figure()
fig.subplots_adjust(hspace=0.2, wspace=0.2)
plt.subplot(1, 2, 1)
ax = sns.lineplot(x = original.index, y = original[0], label="Data", color='royalblue')
ax = sns.lineplot(x = predict.index, y = predict[0], label="Training Prediction (LSTM)", color='tomato')
print(predict.index)
print("aaaa")
print(predict[0])
ax.set_title('Stock price', size = 14, fontweight='bold')
ax.set_xlabel("Days", size = 14)
ax.set_ylabel("Cost (USD)", size = 14)
ax.set_xticklabels('', size=10)
plt.subplot(1, 2, 2)
ax = sns.lineplot(data=hist, color='royalblue')
ax.set_xlabel("Epoch", size = 14)
ax.set_ylabel("Loss", size = 14)
ax.set_title("Training Loss", size = 14, fontweight='bold')
fig.set_figheight(6)
fig.set_figwidth(16)
plt.show()
```

模型可视化结果如图 4-5 所示。

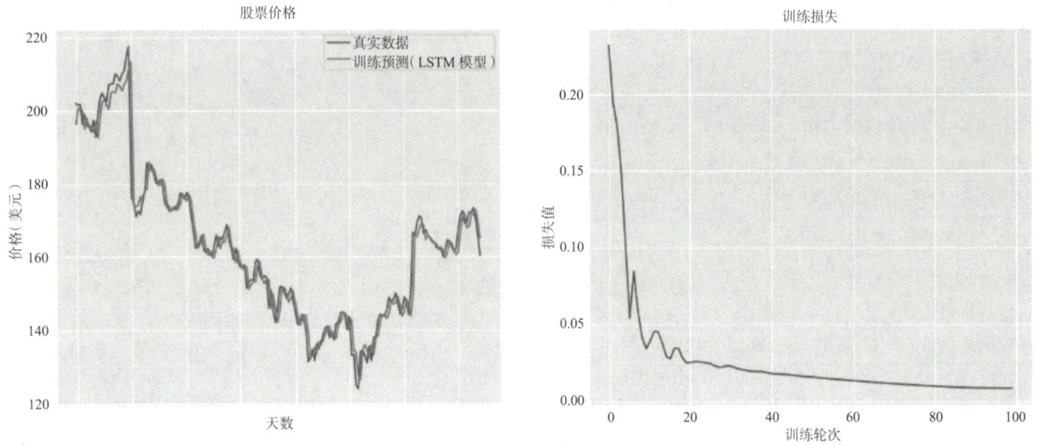

图 4-5　模型可视化结果

9. 模型验证

```
import math, time
from sklearn.metrics import mean_squared_error
# make predictions
y_test_pred = model(x_test)
# invert predictions
y_train_pred = scaler.inverse_transform(y_train_pred.detach().numpy())
y_train = scaler.inverse_transform(y_train_lstm.detach().numpy())
y_test_pred = scaler.inverse_transform(y_test_pred.detach().numpy())
y_test = scaler.inverse_transform(y_test_lstm.detach().numpy())
# calculate root mean squared error
trainScore = math.sqrt(mean_squared_error(y_train[:,0], y_train_pred[:,0]))
print('Train Score: %.2f RMSE' % (trainScore))
testScore = math.sqrt(mean_squared_error(y_test[:,0], y_test_pred[:,0]))
print('Test Score: %.2f RMSE' % (testScore))
lstm.append(trainScore)
lstm.append(testScore)
lstm.append(training_time)
# shift train predictions for plotting
trainPredictPlot = np.empty_like(price)
trainPredictPlot[:, :] = np.nan
trainPredictPlot[lookback:len(y_train_pred)+lookback, :] = y_train_pred
# shift test predictions for plotting
testPredictPlot = np.empty_like(price)
testPredictPlot[:, :] = np.nan
testPredictPlot[len(y_train_pred)+lookback-1:len(price)-1, :] = y_test_pred
original = scaler.inverse_transform(price['Close'].values.reshape(-1,1))
```

```
predictions = np.append(trainPredictPlot, testPredictPlot, axis=1)
predictions = np.append(predictions, original, axis=1)
result = pd.DataFrame(predictions)
import plotly.express as px
import plotly.graph_objects as go
fig = go.Figure()
fig.add_trace(go.Scatter(x=result.index, y=result[0],
                    mode='lines',
                    name='Train prediction')))
fig.add_trace(go.Scatter(x=result.index, y=result[1],
                    mode='lines',
                    name='Test prediction'))
fig.add_trace(go.Scatter(x=result.index, y=result[2],
                    mode='lines',
                    name='Actual Value')))
fig.update_layout(
    xaxis=dict(
        showline=True,
        showgrid=True,
        showticklabels=False,
        linecolor='white',
        linewidth=2
    ),
    yaxis=dict(
        title_text='Close (USD)',
        titlefont=dict(
            family='Rockwell',
            size=12,
            color='white',
        ),
        showline=True,
        showgrid=True,
        showticklabels=True,
        linecolor='white',
        linewidth=2,
        ticks='outside',
        tickfont=dict(
            family='Rockwell',
            size=12,
            color='white',
        ),
    ),
    showlegend=True,
    template = 'plotly_dark'
```

```
)
annotations = []
annotations.append(dict(xref='paper', yref='paper', x=0.0, y=1.05,
                        xanchor='left', yanchor='bottom',
                        text='Results (LSTM)',
                        font=dict(family='Rockwell',
                                  size=26,
                                  color='white'),
                        showarrow=False))
fig.update_layout(annotations=annotations)
fig.show()
```

任务二　鸢尾花识别

鸢尾花识别是学习人工智能的经典入门案例。本任务使用 TensorFlow2 框架编写程序，获取鸢尾花数据，搭建神经网络模型，最终训练和识别鸢尾花。思路流程如下。

（1）获取鸢尾花数据，并进行分析和预处理。

（2）整理数据训练集和测试集。

（3）搭建神经网络模型。

（4）训练网络，优化网络模型。

（5）保存性能最优的模型，用于鸢尾花识别。

鸢尾花主要分三类：狗尾草鸢尾、杂色鸢尾、弗吉尼亚鸢尾。鸢尾花的种类如图 4-6 所示。鸢尾花的类别可以通过其形态特征进行区分，主要测量以下四个维度：花萼长度（Sepal Length）、花萼宽度（Sepal Width）、花瓣长度（Petal Length）、花瓣宽度（Petal Width）。鸢尾花的形态特征如图 4-7 所示。通过对历史数据的分析，可以总结出一些分类规律。例如，若花萼长度大于花萼宽度，且花瓣长宽比大于 2，则该样本通常被归类为杂色鸢尾。这些特征将作为神经网络模型的输入数据。

狗尾草鸢尾　　杂色鸢尾　　弗吉尼亚鸢尾

图 4-6　鸢尾花的种类

1. 获取鸢尾花数据

将花萼长度、花萼宽度、花瓣长度、花瓣宽度作为输入特征；类别作为标签（0 代表狗尾草鸢尾，1 代表杂色鸢尾，2 代表弗吉尼亚鸢尾）。iris 数据集即鸢尾花数据集。x_data 存放 iris 数据集所有输入特征（4 种），y_data 存放 iris 数据集所有标签（3 种），如图 4-8 和图 4-9 所示。

图 4-7 鸢尾花的形态特征

```
from sklearn import datasets
from pandas import DataFrame
import pandas as pd

x_data = datasets.load_iris().data    # .data 返回 iris 数据集所有输入特征
y_data = datasets.load_iris().target   # .target 返回 iris 数据集所有标签
print("x_data from datasets: \n", x_data)
print("y_data from datasets: \n", y_data)

x_data = DataFrame(x_data, columns=['花萼长度', '花萼宽度', '花瓣长度', '花瓣宽度']) # 为表格增加行索引(左侧)和列标签(上方)
pd.set_option('display.unicode.east_asian_width', True)  # 设置列名对齐
print("x_data add index: \n", x_data)

x_data['类别'] = y_data   # 新加一列，列标签为‘类别’，数据为 y_data
print("x_data add a column: \n", x_data)
```

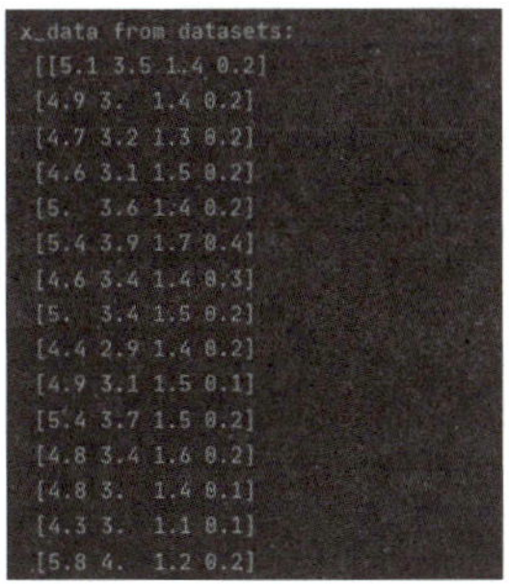

x_data[]部分数据

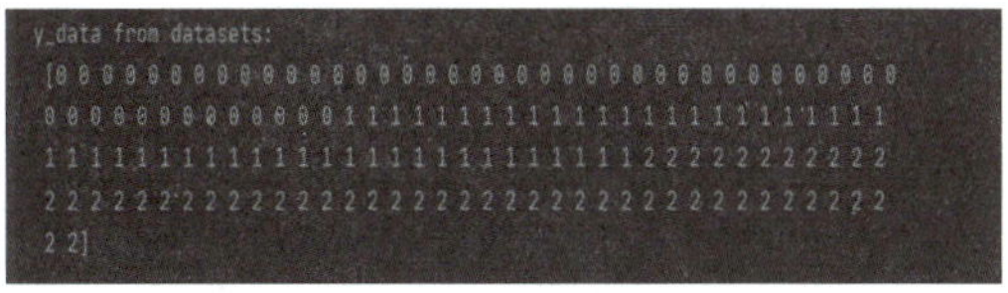

y_data[]数据

图 4-8 x_data，y_data 的原始数据

```
x_data add a column:
       花萼长度  花萼宽度  花瓣长度  花瓣宽度  类别
0         5.1       3.5       1.4       0.2     0
1         4.9       3.0       1.4       0.2     0
2         4.7       3.2       1.3       0.2     0
3         4.6       3.1       1.5       0.2     0
4         5.0       3.6       1.4       0.2     0
..        ...       ...       ...       ...   ...
145       6.7       3.0       5.2       2.3     2
146       6.3       2.5       5.0       1.9     2
147       6.5       3.0       5.2       2.0     2
148       6.2       3.4       5.4       2.3     2
149       5.9       3.0       5.1       1.8     2

[150 rows x 5 columns]
```

图 4-9　在 x_data[]数据中新增一列，列标签为“类别”，数据为 y_data

2. 整理数据

把输入特征和标签组合成数据对，确保每个输入特征有与之对应的标签类别，最终形成包含 150 行的数据集。其中：训练集占 75%（120 行）；测试集占 25%（30 行）。

注意：训练集和测试集没有交集，它们之间都没有一样的数据。

```
# 导入所需模块
import tensorflow as tf
from sklearn import datasets
from matplotlib import pyplot as plt
import numpy as np

# 导入数据，分别为输入特征和标签
x_data = datasets.load_iris().data
y_data = datasets.load_iris().target

# 随机打乱数据（因为原始数据是按顺序排列的，不打乱顺序会影响准确率）
# seed: 随机数种子是一个整数，当设置之后，每次生成的随机数都一样（为方便教学，以确保每位同学的结果都一致）
np.random.seed(116)  # 使用相同的 seed，保证输入特征和标签一一对应
np.random.shuffle(x_data)
np.random.seed(116)
np.random.shuffle(y_data)
tf.random.set_seed(116)

# 将打乱后的数据集分割为训练集和测试集，训练集为前 120 行，测试集为后 30 行
x_train = x_data[:-30]
y_train = y_data[:-30]
x_test = x_data[-30:]
y_test = y_data[-30:]
```

```
# 转换 x 的数据类型,否则后面矩阵相乘时会因数据类型不一致报错
x_train = tf.cast(x_train, tf.float32)
x_test = tf.cast(x_test, tf.float32)

# from_tensor_slices 函数使输入特征和标签值一一对应(把数据集分批次,每个批次 batch 组数据)
train_db = tf.data.Dataset.from_tensor_slices((x_train, y_train)).batch(32)
test_db = tf.data.Dataset.from_tensor_slices((x_test, y_test)).batch(32)
```

3. 搭建神经网络模型

从数据中分析出,有 4 个输入特征,所以输入层有 4 个节点;有 3 种类别,所以输出层有 3 个节点。接下来初始化网络中的参数(权重、偏置),通过前向传播计算,即从输入层到输出层迭代计算,预测鸢尾花类别,并将预测结果与真实标签对比(通过损失函数计算出预测值和真实值的偏差,偏差越小代表预测越准确,最终选择性能最优的参数)。当输入层到输出层的映射关系能稳定接近真实规律时,表明模型训练完成。鸢尾花的识别原理如图 4-10 所示。

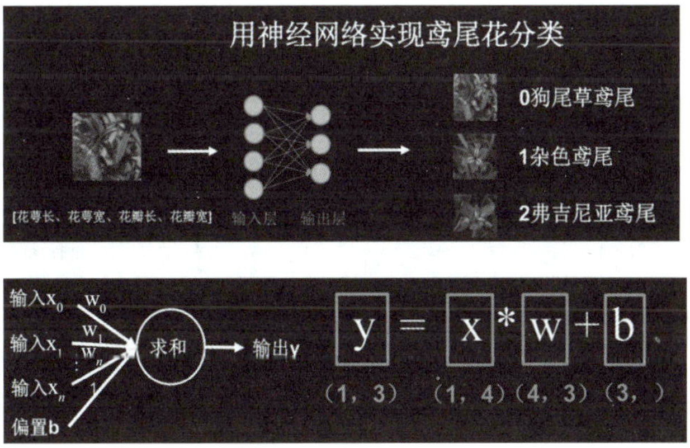

图 4-10 鸢尾花的识别原理

```
# 利用鸢尾花数据集实现前向传播、反向传播,可视化 loss 曲线

# 导入所需模块
import tensorflow as tf
from sklearn import datasets
from matplotlib import pyplot as plt
import numpy as np

# 导入数据,分别为输入特征和标签
x_data = datasets.load_iris().data
y_data = datasets.load_iris().target
```

```
# 随机打乱数据(因为原始数据是按顺序排列的,不打乱顺序会影响准确率)
# seed: 随机数种子,是一个整数,当设置之后,每次生成的随机数都一样(为方便教学,以确保每位同学的结果都一致)
np.random.seed(116)  # 使用相同的 seed,保证输入特征和标签一一对应
np.random.shuffle(x_data)
np.random.seed(116)
np.random.shuffle(y_data)
tf.random.set_seed(116)

# 将打乱后的数据集分割为训练集和测试集,训练集为前 120 行,测试集为后 30 行
x_train = x_data[:-30]
y_train = y_data[:-30]
x_test = x_data[-30:]
y_test = y_data[-30:]

# 转换 x 的数据类型,否则后面矩阵相乘时会因数据类型不一致报错
x_train = tf.cast(x_train, tf.float32)
x_test = tf.cast(x_test, tf.float32)

# from_tensor_slices 函数使输入特征和标签值一一对应(把数据集分批次,每个批次 batch 组数据)
train_db = tf.data.Dataset.from_tensor_slices((x_train, y_train)).batch(32)
test_db = tf.data.Dataset.from_tensor_slices((x_test, y_test)).batch(32)

# 生成神经网络的参数,4 个输入特征故输入层为 4 个输入节点;3 种类别故输出层为 3 个神经元
# 用 tf.Variable()标记参数可训练
# 使用 seed 使每次生成的随机数相同(为方便教学,使同学的结果都一致,在现实使用时不写 seed)
w1 = tf.Variable(tf.random.truncated_normal([4, 3], stddev=0.1, seed=1))
b1 = tf.Variable(tf.random.truncated_normal([3], stddev=0.1, seed=1))

lr = 0.1  # 学习率为 0.1
train_loss_results = [ ]  # 将每轮的 loss 记录在此列表中,为后续画 loss 曲线提供数据
test_acc = [ ]  # 将每轮的 acc 记录在此列表中,为后续画 acc 曲线提供数据
epoch = 500  # 循环 500 轮
loss_all = 0  # 每轮分 4 个 step,loss_all 记录 4 个 step 生成的 4 个 loss 的和

# 训练部分
for epoch in range(epoch):  #数据集级别的循环,每个 epoch 循环一次数据集
    for step, (x_train, y_train) in enumerate(train_db):  #batch 级别的循环 ,每个 step 循环一个 batch
        with tf.GradientTape() as tape:  # with 结构记录梯度信息
            y = tf.matmul(x_train, w1) + b1  # 神经网络乘加运算
            y = tf.nn.softmax(y)  # 使输出 y 符合概率分布(执行此操作后与独热码同量级,可相减求 loss)
            y_ = tf.one_hot(y_train, depth=3)  # 将标签值转换为独热码格式,方便计算 loss 和 accuracy
```

```
            loss = tf.reduce_mean(tf.square(y_ - y))  # 采用均方误差损失函数 mse = mean(-sum(y-out)^2)
            loss_all += loss.numpy()  # 将每个 step 计算出的 loss 累加,为后续求 loss 平均值提供数据,这样计算的 loss 更准确
        # 计算 loss 对各个参数的梯度
        grads = tape.gradient(loss, [w1, b1])

        # 实现梯度更新 w1 = w1 - lr * w1_grad    b = b - lr * b_grad
        w1.assign_sub(lr * grads[0])  # 参数 w1 自更新
        b1.assign_sub(lr * grads[1])  # 参数 b 自更新

    # 每个 epoch,打印 loss 信息
    print("Epoch {}, loss: {}".format(epoch, loss_all/4))
    train_loss_results.append(loss_all / 4)  # 将 4 个 step 的 loss 求平均记录在此变量中
    loss_all = 0  # loss_all 归零,为记录下一个 epoch 的 loss 做准备

    # 测试部分
    # total_correct 为预测对的样本个数, total_number 为测试的总样本数,将这两个变量都初始化为 0
    total_correct, total_number = 0, 0
    for x_test, y_test in test_db:
        # 使用更新后的参数进行预测
        y = tf.matmul(x_test, w1) + b1
        y = tf.nn.softmax(y)
        pred = tf.argmax(y, axis=1)  # 返回 y 中最大值的索引,即预测的分类
        # 将 pred 转换为 y_test 的数据类型
        pred = tf.cast(pred, dtype=y_test.dtype)
        # 若分类正确,则 correct=1,否则为 0,将 bool 型的结果转换为 int 型
        correct = tf.cast(tf.equal(pred, y_test), dtype=tf.int32)
        # 将每个 batch 的 correct 数加起来
        correct = tf.reduce_sum(correct)
        # 将所有 batch 中的 correct 数加起来
        total_correct += int(correct)
        # total_number 为测试的总样本数,也就是 x_test 的行数,shape[0]返回变量的行数
        total_number += x_test.shape[0]
    # 总的准确率等于 total_correct/total_number
    acc = total_correct / total_number
    test_acc.append(acc)
    print("Test_acc:", acc)
    print("--------------------------")

# 绘制 loss 曲线
plt.title('Loss Function Curve')  # 图片标题
plt.xlabel('Epoch')  # x 轴变量名称
plt.ylabel('Loss')  # y 轴变量名称
```

```
plt.plot(train_loss_results, label="$Loss$")  # 逐点画出 trian_loss_results 值并连线,连线图标是 Loss
plt.legend()  # 画出曲线图标
plt.show()  # 画出图像

# 绘制 Accuracy 曲线
plt.title('Acc Curve')  # 图片标题
plt.xlabel('Epoch')  # x 轴变量名称
plt.ylabel('Acc')  # y 轴变量名称
plt.plot(test_acc, label="$Accuracy$")  # 逐点画出 test_acc 值并连线,连线图标是 Accuracy
plt.legend()
plt.show()
```

人工智能故事

感知器的兴衰与罗森布拉特的遗憾:一个科学界的悲情史诗

一、希望的曙光:感知器的诞生

1957 年,心理学家弗兰克·罗森布拉特(Frank Rosenblatt)在康奈尔航空实验室发明了"感知器"(Perceptron)——人类历史上第一个基于生物神经元原理设计的单层神经网络模型。罗森布拉特的灵感源于大脑的学习机制:神经元通过突触传递信号并调整连接强度。他试图用机器模拟这一过程,让计算机通过"学习"而非预设程序完成任务。

感知器的硬件版本 Mark I 重达 5 吨,占据了整个实验室,其由 400 个光电细胞组成,能识别打孔卡片的左右标记。尽管功能简单,但罗森布拉特仍雄心勃勃地宣称:"这是第一台能产生原创想法的机器!"美国海军迅速提供资助,媒体更是将其誉为"人类大脑的对手",《纽约时报》称其为"自我学习的电子大脑"。

二、理想与现实的碰撞:感知器的局限

感知器的核心原理是通过调整权重和偏置,用线性超平面分割数据。然而,它仅能解决线性可分问题(如区分左右卡片或简单图形),却无法处理异或(XOR)等非线性任务。这一缺陷在 1969 年被麻省理工学院(MIT)的马文·明斯基(Marvin Minsky)和西摩·帕普特(Seymour Papert)彻底揭露。他们在《感知器》一书中用数学证明其局限性,并嘲讽罗森布拉特的研究"毫无科学价值"。这一批判直接导致神经网络研究经历长达 20 年的寒冬。

讽刺的是,明斯基早年也曾是神经网络的探索者,甚至开发过早期神经网络模型 SNARC。但随着符号主义(主张逻辑推理)成为人工智能主流后,他反而成为感知器最激烈的反对者。两人的争论不仅是学术分歧,更折射出符号主义与联结主义(主张模拟神经网络)的对立。

三、科学家的陨落:罗森布拉特的悲剧

即使面对学术界的冷落和资助中断,罗森布拉特也仍坚持研究,甚至尝试将动物学习行为与感知器相结合,但始终未能突破技术瓶颈。1971 年,43 岁的他在生日当天独自划船时意外溺亡。他的去世被外界视为科学理想破灭的隐喻——感知器未等到复兴的曙光,而他本人也成了“人工智能寒冬”的牺牲品。

更令人唏嘘的是，明斯基在《感知器》再版时删除了对罗森布拉特的攻击性论述，并手写“纪念罗森布拉特”以示哀悼。两位昔日校友的恩怨，最终以这样的方式画上句号。

四、迟来的救赎：感知器的遗产

尽管感知器被短暂遗忘，其思想却成为深度学习的火种。1986 年，杰弗里·辛顿（Geoffrey Hinton）提出“反向传播算法”，解决了多层神经网络的训练难题。2012 年，AlexNet 在 ImageNet 竞赛中一战成名，深度学习正式崛起。此时人们发现，现代神经网络的底层逻辑与罗森布拉特的感知器一脉相承——权重调整、误差驱动学习、分层处理信息。

罗森布拉特的预言终成现实：ChatGPT、图像识别系统乃至 AlphaFold 的辉煌，都建立在感知器的基石之上。2004 年，IEEE 设立“罗森布拉特奖”，致敬这位被时代低估的先驱。

评价与考核

思政（素质）目标考核评价表

时事问题讨论考核评价表

姓名：	所在小组：	今日助教：	日期：
主题内容	对本次课前测试中的时事问题进行讨论，并交流自己的体会		
评价项目	评价要求	经验值	获得经验值
内容	讨论内容紧扣主题，见解独到深刻，积极向上，对其他同学有启发或触动作用	3	
态度	积极主动	2	

时事讲述考核评价表

主题内容	对本次课程导入的时事案例进行讲述或演述，并列举相关案例		
评价项目	评价要求	经验值	获得经验值
语言表达	声音洪亮，口齿清晰，语速适当	1	
肢体表达	动作适当，举止自然得体	1	
拓展内容	案例适当，有较好的引申作用	2	
现场效果	具有较强的吸引力，效果良好	3	

小组汇报考核评价表

人工智能深度学习考核评价表

评价项目	评价要求	经验值	教师评价（占 50%）	小组互评（占 50%）	获得经验值
理论知识	深度学习相关知识	10			
技术能力	深度学习编程任务	15			
学习重点	基础神经网络框架搭建	10			
姓名：	所在小组：		今日助教：	日期：	

任务模拟测试题

一、单项选择题

1. 感知器（Perceptron）的发明者是（　　）。

A. 杰弗里·辛顿　　B. 马文·明斯基

C. 弗兰克·罗森布拉特　　D. 约书亚·本吉奥

2. 以下哪项是卷积神经网络（CNN）的典型应用场景？（　　）

A. 语音识别　　B. 图像分类　　C. 文本翻译　　D. 股票预测

3. 深度学习模型训练中，用于衡量模型预测误差的指标是（　　）。

A. 学习率　　B. 损失函数　　C. 批大小　　D. 激活函数

4. 2012 年在 ImageNet 竞赛中一战成名的深度学习模型是（　　）。

A. ResNet　　B. AlexNet　　C. LeNet　　D. Transformer

5. 以下哪种操作属于深度学习数据预处理？（　　）

A. 调整神经网络层数　　B. 对图像进行归一化

C. 修改损失函数公式　　D. 增加 GPU 算力

二、多项选择题

1. 以下哪些属于神经网络结构？（　　）

A. CNN（卷积神经网络）　　B. RNN（循环神经网络）

C. SVM（支持向量机）　　D. K-Means 聚类

2. 深度学习可能引发的伦理问题包括？（　　）

A. 算法歧视　　B. 数据隐私泄露

C. 模型训练速度慢　　D. 硬件成本高昂

3. 以下哪些方法可以优化深度学习模型性能？（　　）

A. 增大学习率　　B. 增加训练数据量

C. 调整批量大小　　D. 减少神经网络层数

三、简答题

1. 列举两个深度学习在生活中的应用实例，并介绍其解决的问题。

2. 假设你要训练一个猫狗分类模型，请写出可能影响模型效果的三个因素，并说明如何改进。

项目五

人工智能计算机视觉——实时行人检测、车牌识别

学习目标

知识目标

1. 了解计算机视觉的发展历程。
2. 了解深度学习的发展历程。
3. 了解计算机视觉常见的应用领域。
4. 了解常见的深度学习框架和常用的图像处理库。
5. 分析计算机视觉典型应用案例。

本项目视频资源

能力目标

1. 熟悉目标检测、图像分割等任务的算法实现细节。
2. 完成图像识别模型的训练与测试——从数据准备到模型部署的全流程实践。
3. 运用 PyTorch 框架实现 YOLO 算法，具备调试解决典型问题的能力。
4. 掌握 OpenCV 实现车牌图像预处理、定位分割，结合 CNN 构建字符识别模型，完成从图像输入到车牌号输出的端到端智能识别系统开发。

思政(素质)目标

1. 通过“AI 偏见检测”实验，理解算法公平性对社会的意义，倡导技术向善理念。
2. 结合智能制造、智慧农业等国家战略，探索计算机视觉驱动产业升级的路径。

任务准备

刷脸支付、美颜自拍、自动驾驶等“黑科技”已经悄悄融入人们的日常生活，其核心驱动力正是计算机视觉和人工智能的飞速发展。本项目将解析这些科技背后的科学逻辑。

(1)手机里美颜相机的“一键换脸”功能，正是计算机视觉在图像处理领域的典型应用。通过深度学习算法，程序能精准识别面部特征点，实现超越人工的智能五官优化。

（2）道路监控系统中的电子警察主要用于抓拍交通违章。它内置的卷积神经网络，能在 0.1 秒内完成车牌定位、字符分割、数字识别整套流程，准确率高达 99.8%。

（3）震惊世界的 AlphaGo 战胜李世石，也是依托深度强化学习技术。这种“超级大脑训练法”通过海量棋谱学习，形成超越人类直觉的决策模型。

如果说传统算法是“照本宣科的答题机器人”，深度学习就像会“举一反三的学霸”。它通过搭建模拟人脑思维的神经网络，让机器从数据中总结规律。深度神经网络在 ImageNet 等数据集的海量图像中持续学习，最终在 1 400 万张图像识别任务中达到 97.5%准确率（超越人类视觉极限）。

这种技术突破不仅提升了性能，更颠覆了传统图像处理方式。以前是逐像素比对的“查字典”模式，现在深度学习教会计算机“理解”图片内容。这种“从像素到语义”的认知飞跃，正在推动自动驾驶、工业质检、医疗影像诊断等领域的跨越式发展。

一、什么是计算机视觉

计算机视觉（Computer Vision, CV）作为人工智能领域的关键分支，其核心使命在于解析图像内容。简而言之，计算机视觉技术如同为机器配备了一双“智能之眼”，通过视觉传感器与计算机的协同工作，实现物体识别、动态追踪、尺寸测量等功能，使机器能够深刻理解照片与视频所蕴含的信息。机器凭借自主适应环境的能力，能够从二维图像中洞察三维环境信息，精准感知物体的形状、位置、姿态及运动等几何属性，并对其进行详尽的描述、存储、识别与深度理解。

计算机视觉的研究可追溯至 20 世纪 50 年代中期，早期其研究聚焦于二维图像的分析，涵盖文档、平面制造物、景深较浅的显微图像以及对比度较低的远距离图像等。因这些图像的表面几何关系及物体取向已知，其恢复与识别过程相对简单，此类图像的处理与分类工作被统称为图像处理与模式识别。尽管图像处理、模式识别与计算机视觉在研究范畴上存在诸多交集，但三者的本质不同。图像处理旨在通过一系列技术手段，从原始图像中提取特征显著的新图像，包括图像增强（改善图像质量以便于观察）、图像恢复（校正质量退化的图像）及图像压缩（在保证可接受质量的前提下，对图像进行高效表示）。模式识别则专注于将各类模式归入预先设定的有限类别中，主要研究二维模式。

1960—2010 年，计算机视觉技术经历了从三维场景理解的启蒙到正式成为独立学科，再到技术进步与多元化发展，最终在深度学习引领下迎来新一轮革命的发展过程。在此过程中，众多学者和研究人员通过突破性研究持续推动计算机视觉技术的发展和创新。20 世纪 60 年代，麻省理工学院的罗伯茨通过计算机程序从数字图像中提取出多面体的三维结构，并描述物体形状及空间关系，开创了以理解三维场景为目的的三维计算机视觉研究。其积木世界的创造性研究为后续研究提供了重要启发，人们相信对简单三维世界的理解可推广至更复杂的场景。1982 年，麻省理工学院的马尔在《视觉》一书中将计算机视觉研究内容定义为物体视觉和空间视觉两大部分。物体视觉负责精细分类和鉴别物体，空间视觉负责确定物体的位置和形状。计算机视觉研究被分为计算理论、表达和算法、算法实现三个层次，标志着计算机视觉成为一门独立学科。1999 年由戴维·洛提出，2004 年完善的 SIFT 特征基于物体局部外观的兴趣点，具有与影像大小和旋转无关，对光线、噪声、微视角改变容忍度高等特性。该特征能在海量特色数据库中实现快速、准确匹配物体，对部分遮蔽物体侦测率高，辨识速度可接近即时运算水平。同时，基于统计模型的机器学习技术开始出现，首次在面部识别技术和基于线性动态系统的曲线跟踪中落地应用，并推动统计理论全面应用于计算机视觉前沿领域。

近年来，深度学习技术的突破，尤其是卷积神经网络的兴起，为计算机视觉领域带来了革命性的变化，极大地推动了该领域的快速发展。市场研究机构 Tractica 的最新报告显示，全球计算机视觉市场正处于快速增长阶段，预计至 2025 年，计算机视觉软件、硬件及服务的全球市场规模将达到 262 亿美元，彰显了该领域的巨大商业价值与市场潜力。在中国，计算机视觉产业同样展现出蓬勃发展的态势，已涌现出超过 100 家专注于此领域的创新型企业，如北京旷视科技有限公司、北京市商汤科技开发有限公司、上海依图网络科技有限公司、上海极链科技股份有限公司等。这些企业聚焦于图像识别、身份认证、智能传感与控制等前沿技术的研发与应用，不仅推动了技术的不断进步，也为各行各业的智能化转型提供了强有力的支持，共同绘制着人工智能时代的宏伟蓝图。

二、计算机视觉的应用领域

随着深度学习技术的飞速进步，计算机视觉作为人工智能领域的关键分支，正扮演着引领智能革命“大门”的角色。在人工智能的众多感知维度中，视觉信息尤为重要。据相关研究估计，人类大脑皮层约 70%的活动集中于视觉信息处理。这一生理基础深刻影响了人工智能的发展方向，促使计算机视觉成为实现机器智能思考与高效处理任务的核心技术。近年来，计算机视觉技术已在多个领域展现出广泛的应用价值与深远影响。

1. 工业视觉

在工业生产中，计算机视觉技术被广泛应用于工业检测、自动生产线控制、办公及政务自动化等场景。通过实现邮件分拣、金相分析、无损检测等任务，计算机视觉技术大幅提升了生产效率，同时增强了产品质量的一致性，有效避免了人为因素导致的误判，为工业自动化注入了新动力。

2. 人机交互

借助计算机视觉技术，机器能够通过解读人的手势、唇语、身体姿态及面部表情等非言语信息，理解用户意图并执行相应指令。这种交互方式不仅符合人类的自然交互模式，还极大地增强了交互的便捷性与沉浸感，为智能设备的设计与使用开辟了新路径。

3. 安全监控

在公共安全领域，计算机视觉技术通过人脸识别、指纹与印章鉴定、支票与签名验证等手段，为犯罪预防与侦查提供了有力支持，有效维护了社会安全与秩序。

4. 军事与公安

在军事与公安领域，计算机视觉技术助力军事侦察、雷达图像分析、战场环境建模等任务，为决策制定与行动执行提供精准的数据支持。

5. 遥感测绘

凭借计算机视觉技术，矿产勘探、资源探测、气象预报及自然灾害监测等任务得以高效完成，为环境保护与灾害应对提供了科学依据。

6. 视觉导航

在太空探索、航天飞行、无人驾驶及智能交通等领域，计算机视觉技术实现了自主导航与精确制导，不仅减小了人为操作的风险，还显著提升了任务执行的精度与速度。

7. 生物医学

在生物医学领域，计算机视觉技术被应用于红细胞与白细胞计数、染色体分析、医学影像自动解析等任务，为疾病诊断与治疗方案制定提供了技术支持，推动了医疗技术向智能化方向发展。

8. 虚拟现实

计算机视觉技术为虚拟现实应用提供了强大的视觉支持，如飞行员训练、医学手术模拟等，使用户能够超越生理极限，获得身临其境的体验，从而提升工作效率，增强培训效果。

9. 图像自动解释

面对海量图像数据，计算机视觉技术通过自动解析放射图像、遥感图像等，为信息处理与分析提供高效解决方案，有效缓解了信息过载带来的压力。

10. 人类视觉系统研究

计算机视觉技术助力科学家深入研究人类视觉系统与大脑工作机制，为理解人类认知过程及推动相关领域发展提供了关键研究工具。

三、典型计算机视觉任务

1. 图像分类

图像分类作为计算机视觉领域的基础任务，核心目标是将数字图像精准划分至预设语义类别。该技术广泛应用于安防场景（金融、商业及公共服务场所），通过实时物体识别系统可精准检测刀具、枪支等违禁物品，有效预防安全风险，构筑智能安防屏障。

与生物视觉系统不同，计算机视觉系统需通过复杂算法解析图像数据。以 32×32 像素的 RGB 图像为例，计算机接收的是三维张量数据（3 通道 ×32 高度 ×32 宽度），其根本任务是通过构建高维映射函数，将原始像素矩阵转化为具有明确语义的类别标签。

人类识别物体的能力源于长期进化形成的认知机制，而计算机则需通过机器学习获得类似能力。这一过程类似于人类认知培养：如幼儿通过大量观察实例习得“猫”的概念，计算机视觉模型也需通过海量标注数据（如 ImageNet 数据集包含的 2 万余类、1 400 余万张图像）进行特征学习。这种数据驱动范式使模型能够自主提取层次化特征，实现从边缘检测到语义理解的多级跃迁。

技术发展脉络清晰展现了范式转换：早期方法依赖人工设计特征（如颜色直方图、纹理滤波器、形状描述符等），而深度学习革命性地采用端对端训练架构。以卷积神经网络为代表的现代模型，通过多层非线性变换自动学习判别性特征，在 ImageNet 等基准测试集上实现了超越人类识别能力的分类精度。这种范式转变不仅提升了分类性能，更推动了计算机视觉从特征工程向表征学习的根本性转变。

2. 目标检测

目标检测（Object Detection），亦称实例分割，是计算机视觉领域的关键任务，旨在精准定位图像中所有预设关注对象并识别其语义类别。该技术可应用于智能监控、自动驾驶等场景，例如实时检测道路上的行人、车辆等关键目标。与图像分类仅关注全局语义不同，目标检测需要同时解决“是什么”和“在哪里”的双重问题，这种双重要求使其在复杂场景中更具挑战性。

目标检测过程需克服多重干扰因素。

（1）目标表观多样性：物体形状、姿态、纹理的类内差异。

（2）成像环境复杂性：光照变化、部分遮挡、尺度变化。

（3）背景干扰：相似纹理的干扰物体。

目标检测算法的输出通常采用结构化数据格式，每个检测目标由三元组（类别标签、置信度、边界框坐标）表示。边界框定义方式如下。

（1）矩形框：由左上角（x_1,y_1）和右下角（x_2,y_2）坐标确定。

（2）旋转框：增加旋转角度 θ 参数。

（3）圆形框：由圆心（cx，cy）和半径（r）定义。

深度学习革命性地推动了目标检测技术的发展，相较传统方法呈现四大优势。

（1）特征表达能力：分层级自动学习判别性特征。

（2）泛化性能：统一框架处理多类别检测任务。

（3）维护成本：模块化设计降低算法迭代难度。

（4）精度突破：在 COCO 等基准数据集上实现 mAP@0.5 超过人类表现。

主流深度学习检测框架分为两大范式。一阶段检测器，采用端到端架构，直接回归目标位置和类别。

（1）YOLO（You Only Look Once）系列：将图像划分为网格单元进行预测，YOLOv8 已集成 Transformer 模块。

（2）SSD：引入特征金字塔实现多尺度检测，采用先验框机制加速收敛。

二阶段检测器，沿用“候选框+精炼”两阶段策略。

（1）Faster R-CNN：通过 RPN 生成候选区域。

（2）Mask R-CNN：在检测的基础上增加分割分支。

就性能对比而言，二阶段检测器在 AP 指标上通常领先 3~5 个百分点，但一阶段检测器在推理速度方面具有数量级优势。最新研究表明，通过引入动态标签分配、知识蒸馏等技术，一阶段检测器的精度差距正在逐步缩小。

3. 语义分割

语义分割是指使用特定算法将图像分割为具有某种语义的区域块，并对每个区域块的语义类别进行区分，最终得到具有逐像素语义标注的分割图像。语义分割实现了从底层到高层的语义推理，让机器自动识别并分割图像中的内容。语义分割的效果如图 5-1 所示。图中左边是一个人骑自行车的照片，右边是语义分割的结果。

图 5-1　语义分割的示例

与图像分类和目标检测相比，语义分割对图像的理解更加精细，这有助于人们在诸如自动驾驶、机器人导航及地理信息系统中实现对环境的精细化理解。实现语义分割的方法有基于统计特征、几何特征的传统算法和基于 CNN 的算法。统计特征、几何特征都属于人工设计的特征，与数据驱动下自动学习到的特征相比，其不具有一般性，因此基于统计特征、几何特征的传统算法的精确度不如基于 CNN 的算法的精确度高。基于 CNN 的算法可采用基于候选区域的深度语义分割模型或基于全卷积的深度语义分割模型。

目前，语义分割主要应用于地理信息系统、无人驾驶、医疗和机器人导航等领域。在医疗领域，语义分割主要用于肿瘤图像分割、龋齿诊断、肺癌辅助诊断等场景。

4. 目标跟踪

目标跟踪是指对视频中的物体或某个区域（即目标）进行跟踪识别的过程，即在视频的某一帧中确定目标，并在后续帧中估计目标的状态（位置、形状、颜色等）。其中，某一帧指目标跟踪的起始帧，跟踪将从其后面的帧开始。目标跟踪在军事和民用方面应用广泛，如空中预警和精确制导、智能视频监控和机器人视觉导航等。智能视频监控用于对监控场景中的目标进行定位、识别和跟踪，从而分析和判断目标的行为，并在异常情况发生时及时报警，以协助管理人员快速处理危机事件。机器人视觉导航是指对摄像头拍摄的视频帧进行计算并分析，以确定目标的位置和进行路径识别，从而制定导航决策的一种技术。机器人视觉导航技术经过迭代更新，已深度集成至家用服务类产品矩阵，典型应用包括扫地机器人、陪伴机器人等系列终端。

目标跟踪技术包括候选框生成、特征表示和决策三个核心环节。一般情况下，相邻两帧中的物体在尺寸和位置上不会有太大变化，由此可预测目标在下一帧中的大概位置，完成候选框生成。随后进行特征表示，特征表示是计算机区分不同物体的依据。只要找到目标的特征，计算机就能在视频帧中精准识别目标，因此该环节直接影响跟踪精度。在找到多个可能的目标后，将其与上一帧跟踪的目标进行比对，相似度最大的将作为当前帧的跟踪目标。

根据观测模型的不同，目标跟踪算法分为生成式目标跟踪算法和判别式目标跟踪算法。生成式目标跟踪算法通过衡量候选框的目标（当前帧的目标）与上一帧预测目标的相似度确定将哪个候选框作为当前帧的跟踪目标。生成式目标跟踪算法包含空间距离法、概率分布距离法和综合法。空间距离法和概率分布距离法都通过距离来衡量相似度。综合法既模糊了相似度的距离衡量方法，也没有显式的候选框生成过程。它借鉴机器学习中的聚类算法思想，即在每一帧中计算相应位置像素的颜色直方图分布，聚类后得到其分布的均值，均值对应的像素位置即为该帧中预测目标的中心位置，最后结合宽度、高度等参数即可获知预测目标的空间位置。

判别式目标跟踪算法将目标作为前景，将其余内容均看作背景，把目标从背景中分离出来。判别式目标跟踪算法应用分类思想将跟踪问题转换成二分类问题，因此可使用经典机器算法（不包含深度学习的机器学习算法）和深度学习算法解决跟踪问题。判别式目标跟踪算法不再依赖距离度量个体间的相似度，而采用相关匹配机制评估相似度。具体而言，就是通过模板与输入数据的相关操作（如空间卷积）评估相似性。判别式目标跟踪算法可进一步细分为经典机器学习方法、相关滤波方法和深度学习方法。这三种方法解决问题的思路基本一致，即用某种方法（如机器学习算法、深度学习算法）将目标从背景中提取出来。在评估跟踪算法性能时，常用的指标有交并比（IoU）、精度和稳健性。IoU 值在一定程度上反映进行比较的两个候选框的贴合度。通常，IoU 值越大，算法的跟踪效果越好。精度反映跟踪成功时目标定位的准确概率，精度越高定位越精准。稳健性反映算法找到目标位置的概率，侧重描述算法的稳健性。

任务实施

任务一　基于 YOLOv8 的实时行人检测系统

随着人工智能和深度学习的飞速发展，计算机视觉已成为众多行业创新的核心驱动力。该技术致力于赋予计算机视觉感知与环境理解能力，为自动驾驶、安防监控、工业自动化等场景提供智能化决策支撑。在此技术框架下，目标检测作为关键任务需同步完成三个任务：识别图像或视频中的多个目标物体；定位目标边界框；识别每个物体的类别。实现高效、精确、实时的目标检测，能够显著增强计算机视觉系统在动态环境下的适应性与可靠性。

1. YOLOv8 简介

YOLO 系列算法作为实时目标检测中的典型代表，将整个图像处理作为一个单一回归问题来解决，极大地提升了推理速度。YOLOv8 是 YOLO 系列算法的改进版本，在架构、精度、检测速度等诸多方面进行了优化，是当前目标检测的前沿算法之一。本任务将详细介绍 YOLOv8 的核心技术，并通过基于 YOLOv8 的实际案例——实时行人检测系统，展示其在实时应用中的潜力。内容涵盖 YOLOv8 的模型结构、核心优化技术、训练过程、模型优化和在实际应用中的评估结果。

YOLOv8 在模型结构、推理速度和检测精度方面均有明显改进。YOLO 系列从初代到 YOLOv4 持续演进，每一代都在推理速度和检测精度之间寻求更好的平衡。YOLOv5 引入了轻量化策略，使得模型可以在资源受限的设备上实现较为高效的目标检测。YOLOv8 则在 YOLOv5 的基础上进一步优化，在推理速度和检测精度之间找到了更理想的平衡点。

YOLOv8 在设计上进行了改进，包括优化网络结构、革新损失函数和构建自适应检测头。相较于传统的基于 CNN 的检测模型，YOLOv8 通过引入自适应锚点机制，增强了对小目标和复杂场景的适应能力。此外，YOLOv8 在特征提取中采用 CSPNet Backbone 的分阶段架构，使得模型在处理复杂场景时的精度更高。YOLOv8 的优势如下。

（1）高效率：YOLOv8 在速度检测上优势显著，每秒可处理超过 30 帧，适合实时应用场景。

（2）自适应锚点机制：通过自动调整锚点大小，显著提升小目标检测精度。

（3）多尺度检测：通过聚合特征金字塔（FPN）结构，在不同尺度上对小目标检测的鲁棒性更强。

2. YOLOv8 的核心技术

（1）CSPNet 骨干网络。YOLOv8 采用 CSPNet 作为主干网络，通过分阶段特征提取将模型的计算任务分解为不同阶段，从而实现了高效的特征表达。这种设计避免了重复计算，提高了处理速度，并提升了对复杂目标的捕捉能力。

（2）自适应锚点机制。YOLOv8 的自适应锚点机制采用 K-means 算法计算最佳锚点大小，使模型在检测小目标时更加精确。与传统的固定锚点方法相比，自适应锚点机制能够动态调整，增强检测的灵活性。

（3）聚合特征金字塔结构（FPN）。YOLOv8 引入多尺度聚合特征的 FPN 结构，使得模型可以在不同的尺度上进行预测，提升对小目标的检测能力。尤其是在复杂的背景下，这一结构能够帮助模型更好地识别小目标。

（4）损失函数优化。YOLOv8 采用 IoU-aware 损失函数，使得模型在定位目标边界时更加精确。IoU-aware 损失函数能够更好地计算预测框和真实框的重叠程度，从而有效地减小误差，提升精度。

3. 基于 YOLOv8 的目标检测流程

在具体实现中，基于 YOLOv8 的目标检测系统可以按照以下步骤进行。

（1）数据准备。高质量的数据集是实现高精度检测的基础。数据集应包含标注良好的样本，并涵盖多种场景和环境变化，以增强模型的鲁棒性。可以使用 COCO 数据集或自定义数据集，并进行数据增强处理。

（2）模型训练。YOLOv8 提供的丰富的预训练模型。用户可以直接使用这些预训练模型，也可以基于自己的数据集进行微调。微调能够让模型更适应特定的检测任务，如行人检测、车辆检测等。训练过程中可以根据硬件条件调整超参数，如批量大小、图像尺寸等。

（3）模型优化。YOLOv8 支持剪枝、量化等多种模型优化策略，可以在保证检测精度的情况下进一步减小模型的计算量，从而提高模型的推理速度。对超参数进行合理的调整，可以进一步提升模型的检测效果。

（4）推理部署。YOLOv8 支持多种部署方式，包括在边缘设备、移动端和云端部署。在实际应用中，用户可以根据场景选择不同的硬件和部署环境，确保模型的检测速度和精度。

4. 案例实战：基于 YOLOv8 的实时行人检测系统

1）环境配置

要实现 YOLOv8 的目标检测，首先需要配置相关的深度学习环境。以下代码展示了如何安装 YOLOv8 所需的 Python 依赖项。

```
!pip install ultralytics
import torch
from ultralytics import YOLO
# 确保 GPU 可用
device = 'cuda' if torch.cuda.is_available() else 'cpu'
print(f"Using device: {device}")
```

2）数据准备与标注

本案例将使用 COCO 数据集中的行人数据进行目标检测，用户可以根据实际场景自行标注数据集。

3）模型训练

通过 YOLOv8 自带的训练接口进行模型训练。

```
# 加载 YOLOv8 预训练模型
model = YOLO('yolov8 s.pt')
# 开始训练
results = model.train(data='path/to/dataset.yaml', epochs=50, imgsz=640, batch=16, device=device)
```

4）模型推理

训练完成后，可以使用模型在视频流中进行目标检测。以下代码演示了如何加载视频并实现实时检测。

```
import cv2
# 加载训练好的 YOLOv8 模型
model = YOLO('path/to/best.pt')
# 打开视频流
cap = cv2.VideoCapture(0)  # 可以换成视频文件路径
while cap.isOpened():
    ret, frame = cap.read()
    if not ret:
        break
        # 进行目标检测
    results = model.predict(source=frame, device=device)
        # 将检测结果绘制到帧上
    for result in results:
        x1, y1, x2, y2 = result['boxes']  # 假设返回坐标
        label = result['label']
```

```
            confidence = result['confidence']
            frame = cv2.rectangle(frame, (x1, y1), (x2, y2), (255, 0, 0), 2)
            frame = cv2.putText(frame, f"{label} {confidence:.2f}", (x1, y1-10), cv2.FONT_HERSHEY_SIM-
PLEX, 0.5, (255, 0, 0), 2)
            # 显示结果
        cv2.imshow('YOLOv8 Real-Time Detection', frame)
        if cv2.waitKey(1) & 0xFF == ord('q'):
            break
cap.release()
cv2.destroyAllWindows()
```

5）模型优化

```
# 剪枝示例（假设使用了 YOLO 官方提供的工具）
from ultralytics import Pruning
# 剪枝并重新训练模型
pruned_model = Pruning.prune(model, rate=0.4)  # 剪枝率为 40%
pruned_model.train(data='path/to/dataset.yaml', epochs=10, imgsz=640)
```

6）模型优化与性能提升

在实际应用中，为进一步提升 YOLOv8 的检测速度和精度，可以采取以下优化策略。

（1）模型量化。模型量化是指将 YOLOv8 模型的权重从 32 位浮点数转换为低位数值（如 8 位整型），从而显著减小模型的计算量。量化后的 YOLOv8 模型可以在资源有限的设备上实现更快的推理速度，适用于边缘设备的实时检测任务。

（2）模型剪枝。模型剪枝是通过移除模型中冗余的参数，减小模型体积。在 YOLOv8 中，可以选择剪枝卷积层的通道数或剪枝一些低权重的神经元。剪枝后的模型可以显著提升推理速度，但同时需要重新训练以保持精度。

（3）模型蒸馏。模型蒸馏是一种使用“教师-学生”模型的技术，通过训练轻量化的学生模型，使其在特征表达上尽量接近教师模型。在 YOLOv8 中，通过蒸馏可以在保证精度的前提下显著减小模型体积，适用于移动设备上的行人检测。

（4）多线程推理。在多线程处理环境下，可以同时处理多帧图像数据，从而显著提升推理速度。YOLOv8 支持多线程加速，因此可以在多核 CPU 和 GPU 设备上有效利用硬件资源，提升推理效率。

任务二　基于 CNN 的车牌识别

1. 车牌识别概述

车牌识别（License Plate Recognition，LPR）是通过计算机视觉技术自动检测和识别车辆牌照上字符的技术。车牌识别技术广泛应用于交通管理、停车场管理、车辆追踪等场景。车牌识别技术通过自动化记录车辆的进出信息，提高效率，并为城市交通管理和安全提供支持。

车牌识别的主要步骤如下。

（1）车牌定位：在图像中找到车牌的位置。

（2）字符分割：将车牌中的字符分离出来。

（3）字符识别：识别每个字符的内容。

2. 基础知识准备

卷积神经网络是一种具有局部连接、权值共享等特点的深层前馈神经网络（Feedforward Neural Networks），是深度学习的代表算法之一。其在图像分类、目标检测、语义分割等计算机视觉任务中表现卓越，已成为当前最主流的深度学习模型之一。

卷积神经网络具有表征学习能力，能够按其阶层结构对输入信息进行平移不变性分类，可以进行监督学习和非监督学习；其隐含层内的卷积核参数共享和层间连接的稀疏性使得卷积神经网络能够以较小的计算量对格点化特征进行处理，如像素和音频等网格状数据；支持监督学习与无监督学习模式，在计算机视觉、自然语言处理等领域均有成熟应用。

3. 数据准备

1）选择数据集

ALPR-UniDPR：包含多种语言车牌检测与识别的公开数据集。

IIIT5K：虽然主要用于手写文本识别，但也可用于车牌字符识别。

Carvana Image Masking Challenge：虽然主要针对汽车图像分割数据集，但可以从中提取车牌数据。

2）数据预处理

图像标准化：将图像调整为统一的大小，如 224 × 224 像素。

数据增强：通过旋转、缩放、翻转等操作增加数据的多样性。

示例代码：数据预处理。

```
import os
import numpy as np
import cv2
from sklearn.model_selection import train_test_split
from tensorflow.keras.preprocessing.image import ImageDataGenerator
def preprocess_data(dataset_path):
    images = [ ]
    labels = [ ]
    for label in os.listdir(dataset_path):
        for img_file in os.listdir(os.path.join(dataset_path, label)):
            img_path = os.path.join(dataset_path, label, img_file)
            img = cv2.imread(img_path)
            img = cv2.resize(img, (224, 224))
            images.append(img)
            labels.append(label)
```

```
    images = np.array(images)
    labels = np.array(labels)
    # 划分训练集和测试集
    X_train, X_test, y_train, y_test = train_test_split(images, labels, test_size=0.2, random_state=42)
    # 数据增强
    datagen = ImageDataGenerator(
        rotation_range=20,
        width_shift_range=0.1,
        height_shift_range=0.1,
        horizontal_flip=True
    )
    return X_train, X_test, y_train, y_test, datagen
dataset_path = 'path/to/dataset'
X_train, X_test, y_train, y_test, datagen = preprocess_data(dataset_path)
```

4. 车牌定位

使用基于滑动窗口或者深度学习的方法（如 RPN）生成可能包含车牌的候选区域，随后对候选区域进行筛选，只保留最有可能包含车牌的区域。

```
import cv2
import numpy as np
def detect_license_plate(image):
    # 转换为灰度图
    gray = cv2.cvtColor(image, cv2.COLOR_BGR2GRAY)
        # 高斯模糊去除噪声
    blurred = cv2.GaussianBlur(gray, (5, 5), 0)
        # 边缘检测
    edges = cv2.Canny(blurred, 50, 150)
        # 寻找轮廓
    contours, _ = cv2.findContours(edges.copy(), cv2.RETR_EXTERNAL, cv2.CHAIN_APPROX_SIM-
PLE)
        # 过滤轮廓
    license_plates = [ ]
    for contour in contours:
        peri = cv2.arcLength(contour, True)
        approx = cv2.approxPolyDP(contour, 0.02 * peri, True)
                if len(approx) == 4 and cv2.contourArea(contour) > 1000:
            x, y, w, h = cv2.boundingRect(contour)
            aspect_ratio = w / float(h)
                    if 2.5 > aspect_ratio > 1.5:
                license_plates.append((x, y, w, h))
        return license_plates
image = cv2.imread('path/to/image.jpg')
plates = detect_license_plate(image)
```

```
for (x, y, w, h) in plates:
    cv2.rectangle(image, (x, y), (x+w, y+h), (0, 255, 0), 2)
cv2.imshow('Detected Plates', image)
cv2.waitKey(0)
cv2.destroyAllWindows( )
```

5. 字符分割

使用连通组件分析(Connected Component Analysis, CCA)分割车牌中的字符并对其进行进一步的预处理,如二值化、降噪等。

```
def segment_characters(image):
    # 转换为灰度图
    gray = cv2.cvtColor(image, cv2.COLOR_BGR2GRAY)
      # 二值化
_,binary=cv2.threshold(gray,0,255,cv2.THRESH_BINARY_INV+cv2.THRESH_OTSU)
        # 连通组件分析
    num_labels, labels, stats, centroids = cv2.connectedComponentsWithStats(binary)
    # 过滤字符
    characters = [ ]
    for i in range(1, num_labels):
        x, y, w, h, area = stats[i]
        if 20 < w < 100 and 20 < h < 100:
            characters.append((x, y, w, h))
        return characters
plate_image = cv2.imread('path/to/license_plate.jpg')
characters = segment_characters(plate_image)
for (x, y, w, h) in characters:
    cv2.rectangle(plate_image, (x, y), (x+w, y+h), (0, 255, 0), 2)
cv2.imshow('Segmented Characters', plate_image)
cv2.waitKey(0)
cv2.destroyAllWindows()
```

6. 字符识别

使用卷积神经网络识别字符,并用标注好的字符数据集训练模型。

构建字符识别模型:

```
from tensorflow.keras.models import Sequential
from tensorflow.keras.layers import Conv2D, MaxPooling2D, Flatten, Dense, Dropout
def build_character_recognition_model(input_shape, num_classes):
    model = Sequential([
        Conv2D(32, (3, 3), activation='relu', input_shape=input_shape),
        MaxPooling2D(pool_size=(2, 2)),
        Conv2D(64, (3, 3), activation='relu'),
        MaxPooling2D(pool_size=(2, 2)),
```

```
        Flatten(),
        Dense(128, activation='relu'),
        Dropout(0.5),
        Dense(num_classes, activation='softmax')
    ])
        model.compile(optimizer='adam', loss='categorical_crossentropy', metrics=['accuracy'])
        return model
input_shape = (32, 32, 1)  # 假设字符图像大小为 32×32 像素，灰度图
num_classes = 36  # 假设有 10 个数字和 26 个字母
character_model = build_character_recognition_model(input_shape, num_classes)
```

训练字符识别模型：

```
from tensorflow.keras.utils import to_categorical
# 假设已经准备好字符图像和对应的标签
X_train_chars,X_test_chars,y_train_chars,y_test_chars=preprocess_character_data('path/to/character_dataset')
# 将标签转换为 one-hot 编码
y_train_encoded = to_categorical(y_train_chars)
y_test_encoded = to_categorical(y_test_chars)
# 训练模型
history = character_model.fit(X_train_chars, y_train_encoded,
                              batch_size=32,
                              epochs=20,
                              validation_data=(X_test_chars, y_test_encoded))
```

7. 系统集成与部署

使用 OpenCV 的级联分类器或其他方法检测车牌，结合车牌定位、字符分割和字符识别的功能实现完整的车牌识别系统。

实时车牌识别系统：

```
import cv2
def recognize_license_plate(image, character_model):
    plates = detect_license_plate(image)
    for (x, y, w, h) in plates:
        roi = image[y:y+h, x:x+w]
        roi_gray = cv2.cvtColor(roi, cv2.COLOR_BGR2GRAY)
        characters = segment_characters(roi_gray)
        plate_text = ""
        for (x_char, y_char, w_char, h_char) in characters:
            char_roi = roi_gray[y_char:y_char+h_char, x_char:x_char+w_char]
            char_roi = cv2.resize(char_roi, (32, 32))
            char_roi = char_roi / 255.0
            char_roi = np.expand_dims(char_roi, axis=0)
            char_roi = np.expand_dims(char_roi, axis=-1)
```

```
                predicted_label = np.argmax(character_model.predict(char_roi))
                plate_text += str(predicted_label)
            print(f"Detected License Plate: {plate_text}")
video_capture = cv2.VideoCapture(0)
while True:
    ret, frame = video_capture.read()
    if not ret:
        break
    recognize_license_plate(frame, character_model)
    cv2.imshow('Video', frame)
    if cv2.waitKey(1) & 0xFF == ord('q'):
        break
video_capture.release()
cv2.destroyAllWindows()
```

8. 性能评估与优化

1）核心评估指标

（1）准确率（Accuracy）：正确识别的比例。

（2）召回率（Recall）：正确识别的正样本比例。

（3）F1 分数（F1 Score）：准确率和召回率的调和平均值。

2）模型优化

（1）超参数调整：调整学习率、批次大小等参数。

（2）早停法（Early Stopping）：当验证集性能不再提升时停止训练。

（3）剪枝与量化：减小模型体量，提高推理速度。

超参数调整：

```
from tensorflow.keras.wrappers.scikit_learn import KerasClassifier
from sklearn.model_selection import GridSearchCV
def build_classifier(optimizer='adam'):
    model = build_character_recognition_model(input_shape, num_classes)
    model.compile(optimizer=optimizer, loss='categorical_crossentropy', metrics=['accuracy'])
    return model
classifier = KerasClassifier(build_fn=build_classifier, verbose=0)
parameters = {'batch_size': [25, 32],
              'epochs': [50, 100],
              'optimizer': ['adam', 'rmsprop']}
grid_search = GridSearchCV(estimator=classifier,
                           param_grid=parameters,
                           scoring='accuracy',
                           cv=10)
grid_search = grid_search.fit(X_train_chars, y_train_encoded)
best_parameters = grid_search.best_params_
best_accuracy = grid_search.best_score_
```

```
print(f"Best parameters: {best_parameters}")
print(f"Best accuracy: {best_accuracy}")
```

9. 实战案例分析

在交通管理系统中，车牌识别技术用于记录车辆进出城市的时间、位置等信息。通过实时监控摄像头捕捉的图像，可以迅速识别车辆信息，并根据预设规则进行相应的记录。

```
import cv2
def log_vehicle_entry(image, vehicle_id):
    plate_text = recognize_license_plate(image)
    if plate_text:
        print(f"Vehicle {vehicle_id} with plate {plate_text} entered the system.")
video_capture = cv2.VideoCapture(0)
while True:
    ret, frame = video_capture.read()
    if not ret:
        break
    log_vehicle_entry(frame, "123 456")
    cv2.imshow('Traffic System', frame)
    if cv2.waitKey(1) & 0xFF == ord('q'):
        break
video_capture.release()
cv2.destroyAllWindows()
```

人工智能故事

暗夜追缉：AI 视觉破解套牌迷局
——依图科技与苏州公安的百日攻坚战

一、出租车司机的噩梦

2013 年深冬的苏州，出租车司机老陈攥着报案单的手在发抖。这已是他本月第三次发现计价器被盗——犯罪团伙专门瞄准出租车下手，拆下计价器安装在套牌车上，让乘客支付虚增的车费。更可怕的是，这些“幽灵车”挂着和他一模一样的车牌，甚至车型都相同。

“监控拍到套牌车了！”派出所里，民警小王指着屏幕上的两辆桑塔纳 3000，两辆车的车牌都是苏 E5T×××。但当他调取车辆登记信息时，系统却显示这是同一辆车。“又是套牌！”副所长一拳砸在桌上，“这帮人专挑同款车作案，传统监控系统根本识别不了！”

二、实验室里的数据狂人

同一时刻，上海依图科技的实验室灯火通明。创始人朱珑撕下墙上一张写满公式的白纸，对团队宣布：“我们要教 AI 看懂整辆车，而不是只会读车牌！”

这支平均年龄仅 27 岁的团队开始了疯狂的数据采集：工程师李薇在寒风中蹲守高架桥，用改装相机抓拍车辆侧面特征；算法工程师张涛开发出“车辆骨骼提取器”，从数万张照片中标注出车灯弧度、轮毂辐条角度等 43 个微观特征；实习生们翻遍汽车论坛，整理出桑塔纳系列十年间 21 款车型的差异图谱。

“看这个！”某天凌晨，张涛突然指着屏幕——两辆同款车的进气格栅镀铬条，在放大 30 倍后显出 0.3 毫米的宽度差。

三、雨夜中的算法对决

2014 年 3 月 12 日，苏州突降暴雨。犯罪团伙趁机出动，却不知公安系统已悄然升级。

“发现异常目标！”指挥中心大屏突然闪烁红光：23:07 车牌为苏 E5T××× 的车辆出现在工业园区星湖街；23:09 同一车牌的车辆在姑苏区人民路被捕捉，人工智能警报两辆车的右前轮螺栓数量不符（分别为 5 颗和 4 颗）。

警车在雨幕中疾驰，技术员远程调取实时分析：左侧车辆挡风玻璃右下角有细微裂痕（与老陈报案记录吻合）；右侧车辆悬挂高度异常（载有被盗计价器导致的重量差异）。当特警冲进城郊汽修厂时，犯罪头目正给套牌车粘贴最后一条反光带。“你们是怎么找到这里的？”他做梦也想不到，人工智能连他精心模仿的车贴倾斜角度都做了毫米级对比。

四、从苏州到全国的反攻

这场技术围剿成为转折点：被盗计价器从日均 15 起骤降至 0；系统上线三个月内，苏州套牌车犯罪率下降 83%。福建警方借助该技术，在高速收费站截获一辆载有走私文物的套牌货柜车，车头一道 2 厘米的划痕成为关键证据。

最戏剧性的案例发生在成都：某富豪的劳斯莱斯被套牌，人工智能通过比对车尾小金人雕像的氧化斑点锁定假车。当民警敲开嫌疑人房门时，对方还在用砂纸打磨雕像企图销毁证据。

五、智慧之眼的启示

十年后，老陈的出租车装上了人工智能行车记录仪。某次等红灯时，系统突然提示：“左侧黑色轿车为套牌车——特征：左前胎磨损度异常，建议报警。”他望着后视镜里闪烁的警灯，想起当年那个绝望的冬夜。如今，每一寸车漆的反光、每一道金属的应力纹路都在诉说真相——这不是冰冷的机器识别，而是一张用代码编织的正义之网。正如结案时朱珑所说：“我们不是在教 AI 看车，而是在赋予它守护人间秩序的‘视觉良知’。”

评价与考核

思政（素质）目标考核评价表			
时事问题讨论考核评价表			
姓名： 所在小组： 今日助教： 日期：			
主题内容	对本次课前测试中的时事问题进行讨论，并交流自己的体会		
评价项目	评价要求	经验值	获得经验值
内容	讨论内容紧扣主题，见解独到深刻，积极向上，对其他同学有启发或触动作用	3	
态度	积极主动	2	
时事讲述考核评价表			
主题内容	对本次课程导入的时事案例进行讲述或演述，并列举相关案例		
评价项目	评价要求	经验值	获得经验值
语言表达	声音洪亮，口齿清晰，语速适当	1	
肢体表达	动作适当，举止自然得体	1	
拓展内容	案例适当，有较好的引申作用	2	
现场效果	具有较强的吸引力，效果良好	3	

小组汇报考核评价表					
人工智能计算机视觉考核评价表					
评价项目	评价要求	经验值	教师评价（占 50%）	小组互评（占 50%）	获得经验值
理论知识	计算机视觉相关知识	10			
技术能力	实现计算机视觉任务	15			
学习重点	计算机视觉框架搭建	10			
姓名： 所在小组： 今日助教： 日期：					

任务模拟测试题

一、选择题

1. 计算机视觉的核心任务是(　　)。

A. 让计算机听懂人类语言

B. 让计算机通过摄像头感知并理解图像、视频内容

C. 让计算机生成 3D 动画

D. 让计算机控制机器人行走

2. 以下哪项是计算机视觉的典型应用场景？(　　)

A. 语音助手播报天气　　B. 人脸识别解锁手机

C. 自动翻译英文文档　　D. 推荐电影给用户

3. 在图像识别任务中，卷积神经网络的主要作用是(　　)。

A. 存储大量图片数据

B. 提取图像中的关键特征(如边缘、纹理)

C. 压缩图片文件大小

D. 增强图像色彩饱和度

4. 训练图像识别模型时，标注数据的作用是(　　)。

A. 让计算机学会区分图像中的猫和狗　　B. 提高摄像头分辨率

C. 减少计算机内存占用　　D. 自动美化图片效果

5. 以下哪种情况属于“对抗样本攻击”？(　　)

A. 用高清相机拍摄人脸

B. 在图片上添加马赛克保护隐私

C. 通过修改像素让人工智能把熊猫识别为长臂猿

D. 用 PS(Photoshop)软件调整图片亮度

6. 在苏州公安使用人工智能识别套牌车的案例中，系统重点分析车辆的(　　)特征。

A. 车牌颜色　　B. 车内驾驶员衣着

C. 轮毂螺栓数量和进气格栅纹理　　D. 车辆行驶速度

7. 在医疗影像分析中，计算机视觉可以辅助医生(　　)。

A. 给病人开药方　　B. 自动检测 CT 影像中的肿瘤区域

C. 测量患者血压　　D. 撰写病历报告

8. 自动驾驶汽车通过计算机视觉实现的功能不包括(　　)。

A. 识别交通信号灯　　B. 检测前方行人

C. 规划导航路线　　D. 分析发动机故障码

二、判断题

1. 计算机视觉技术需要依赖大量的标注数据才能训练出有效模型。(　　)

2. 现有的人工智能图像识别技术已能完全替代人类进行艺术鉴赏。(　　)

项目六

DeepSeek 技术应用——制作演示文稿

学习目标

知识目标

1. 了解 DeepSeek 的起源。
2. 熟悉 DeepSeek 相关概念。
3. 掌握 DeepSeek 的关键技术和发展瓶颈。
4. 培养使用 DeepSeek 产品的能力。

本项目视频资源

能力目标

1. 熟练使用 DeepSeek 产品,运用深度思考模式生成符合需求的内容大纲。

2. 掌握利用 DeepSeek 生成文案的技巧,能够根据不同的任务类型(如产品说明、品牌故事、促销文案等)设计有效的提示语,以获取逻辑清晰、符合要求的文案内容。

3. 独立完成演示文稿的制作。

思政(素质)目标

1. 培养创新思维和探索精神,积极尝试不同的提示语策略和应用场景。

2. 在设计提示语和制作演示文稿过程中,提升逻辑思维能力及对信息的组织、处理和表达能力。

3. 树立正确的技术应用观念,注重内容的准确性、合规性和安全性,遵守相关规范。

任务准备

一、DeepSeek 基础概念

DeepSeek 是一家专注通用人工智能(AGI)的中国科技公司,核心业务为大模型的研发与应用。DeepSeek-R1 是其开源的推理模型，擅长处理复杂任务且可免费商用。DeepSeek 可直接服务终端用户，为开发者提供技术支持，应用场景涵盖智能对话、文本生成、语义理解、计算推理、代码生成补全等。DeepSeek 还支持联网搜索与深度思考模式，同时支持文件上传功能，能够扫描读取各类文件及图片中的文字内容。DeepSeek 登录界面如图 6-1 所示。

图 6-1　DeepSeek 登录界面

DeepSeek 的核心优势如下。

（1）多模态理解能力：集成视觉-语言联合表征框架，支持图文混合输入解析，在医疗影像分析等场景中实现 98.7%的识别准确率。

（2）动态推理优化：采用自研的 Dual-Chain Reasoning 技术，相较传统模型，推理速度提升 3 倍，同时能耗降低 40%。

（3）领域自适应：通过 MoE（混合专家）架构实现参数动态激活，在金融风控场景表现突出，误报率较传统模型降低 62%。

（4）安全合规体系：内置三重内容过滤机制和价值观对齐模块，在权威测评中安全评分达 92.5/100。

（5）训练效率突破：采用 3D 并行训练策略，将千亿个参数模型的训练时间从行业平均的 6 个月缩短至 45 天。

此外，DeepSeek 在模型优化中创造性地应用了渐进式分层蒸馏技术（Progressive Hierarchical Distillation）。该技术突破传统单阶段蒸馏模式，构建三级蒸馏体系，见表 6-1。

表 6-1　三级蒸馏体系

蒸馏阶段	知识迁移方式	效果提升
结构蒸馏	注意力模式迁移	保留 95%架构特性
特征蒸馏	隐层表征对齐	推理速度提升 2.3 倍
逻辑蒸馏	决策路径优化	任务准确率提升 12.7%

典型案例显示，通过将 1 750 亿个参数的教师模型蒸馏到 130 亿个参数的学生模型，在保留 90%性能水平的同时，推理成本降至原方案的 1/8。这种“大模型智慧，小模型效率”的解决方案，已在移动端智能助手场景实现规模化应用。

二、DeepSeek 的诞生

DeepSeek 于 2023 年 7 月 17 日由知名量化资管巨头幻方量化创立，是一家创新型科技公司，专注于开发先进的大语言模型（LLM）和相关技术。作为大厂之外唯一一家储备万张 A100 芯片的公司，幻方量化为 DeepSeek 的技术研发提供了强大的硬件支持。

2023 年 8 月 2 日，公司注册资本变更为 1 000 万元，完成章程备案，投资人变更为宁波程恩企业管理咨询合伙企业（有限合伙），市场主体类型变更为其他有限责任公司。

2024 年 5 月 7 日，DeepSeek 发布了采用 MoE 架构的 DeepSeek V2。5 月 9 日，第一财经技术中心对 DeepSeek 发布的技术报告和模型进行了深度分析与研究。经过严谨的评估，团队认为 DeepSeek V2 在架构设计、性能表现等方面与财经垂类大模型的需求高度契合，于是果断决定将基座模型迁移至 DeepSeek V2，并迅速启动了以 DeepSeek V2 为主力基座模型的财经垂类大模型的训练与应用研发工作。

2024 年 9 月 5 日，DeepSeek 官方更新 API 支持文档，宣布合并 DeepSeek Coder V2 和 DeepSeek V2 Chat 两个模型，升级推出全新的 DeepSeek V2.5。官方表示为向前兼容，用户通过 deepseek-coder 或 deepseek-chat 均可以访问新模型。

2024 年 12 月，一份关于 DeepSeek 发布历程、优化方向的专家会议纪要在业内流传。对此，DeepSeek 回应称，公司未授权任何人员参与券商投资者交流会，所谓“DeepSeek 专家”并非公司人员，所交流信息不实。DeepSeek 表示，公司内部有严格的规章制度，明令禁止员工接受外部访谈、参与投资者交流等活动。相关事项均以官方披露为准。

2025 年 1 月 27 日，DeepSeek 登顶苹果美国地区应用商店免费 APP 下载排行榜，超越了 ChatGPT。同日，中国区苹果应用商店免费榜显示，DeepSeek 也位列第一。根据公开报道，DeepSeek 的员工规模不及 OpenAI 的 1/5。在百余人的公司中，算子、推理框架、多模态等研发工程师以及深度学习方面的研究人员约 70 人，主要在北京分部，其余 30 多人在杭州总部，多为前端、产品及商务人员。

2025 年 1 月 28 日，DeepSeek 于服务状态页面公告：近期 DeepSeek 线上服务受到大规模恶意攻击，为持续提供服务，暂时限制了除+86 手机号以外的注册方式，已注册用户可以正常登录。

2025 年 1 月 28 日，DeepSeek 在 GitHub 平台发布了 Janus-Pro 多模态大模型，进军文生

图领域。

2025 年 1 月 31 日，英伟达宣布 DeepSeek-R1 模型接入 NVIDIA NIM。同期，亚马逊和微软也接入 DeepSeek-R1 模型。英伟达称，DeepSeek-R1 是最先进的大语言模型。

2025 年 2 月，DeepSeek-R1 大模型一键部署至腾讯云 HAI 上，开发者仅需 3 分钟就能接入调用。

2025 年 2 月 5 日，DeepSeek-R1、V3、Coder 等系列模型陆续上线国家超算互联网平台。

三、人工智能的关键技术

1. 推理大模型和非推理大模型

（1）推理大模型：能够在传统大语言模型的基础上，强化推理、逻辑分析和决策能力的模型。此类模型通常具备额外的技术，比如强化学习、神经符号推理、元学习等，以提升其推理和问题解决能力。例如：DeepSeek-R1、GPT-o3 在逻辑推理、数学推理和实时问题解决方面表现突出。

（2）非推理大模型：适用于大多数任务，一般侧重于语言生成、上下文理解和自然语言处理，而不强调深度推理能力。此类模型通过对大量文本数据的训练，掌握语言规律并生成合适的内容，但缺乏像推理模型那样的复杂推理和决策能力。例如：GPT-3、GPT-4（OpenAI）、BERT（Google），主要用于语言生成、语言理解、文本分类、翻译等任务。推理模型与通用模型见表 6-2。

表 6-2　推理模型与通用模型

维度	推理模型	通用模型
优势领域	数学推导、逻辑推导、代码生成、复杂问题拆解	文本生成、创意写作、多轮对话、开放性问答
劣势领域	发散性任务（如诗歌创作）	需要严格逻辑链的任务（如数学证明）
性能本质	专精于逻辑深度的任务	擅长多样性创意的任务
强弱判断	并非全面更强，仅在其训练目标领域显著优于通用模型	通用场景更灵活，但专项任务需依赖提示词的补偿能力

2. 从“下达指令”到“表达需求”

在与 DeepSeek 等推理模型交互时，有多种策略可供选择。指令驱动策略直接给出明确的步骤或格式要求，适用于简单任务，需快速执行，结果精准高效，但限制了模型自主优化空间。需求导向策略用于描述问题背景与目标，由模型规划解决路径，适合复杂问题，激发模型深层推理能力，不过需清晰定义需求边界。混合模式结合需求描述与关键约束条件，在灵活性与可控性间取得平衡，兼顾目标与细节，但要避免过度约束。启发式提问策略通过提问引导模型主动思考，适用于探索性问题，能触发模型自解释能力，但其回答可能偏离核心目标。策略类型见表 6-3。

表 6-3　策略类型

策略类型	定义与目标	适用场景	策略类型定义与目标适用场景示例(推理模型适用)	优势与风险
指令驱动	直接给出明确的步骤或格式要求	简单任务,需快速执行	用 Python 编写快速排序函数,输出需包含注释	结果精准高效;限制模型自主优化空间
需求导向	描述问题背景与目标,由模型规划解决路径	复杂问题,需模型自主推理	要优化用户登录流程,请分析当前瓶颈并提出 3 种解决方案	激发模型深层推理能力;需清晰定义需求边界
混合模式	结合需求描述与关键约束条件	平衡灵活性与可控性	制订杭州三日游计划,景点包含西湖和灵隐寺,且预算控制在 2 000 元以内	兼顾目标与细节;要避免过度约束
启发式提问	通过提问引导模型主动思考(如"为什么""如何")	探索性问题、需模型解释逻辑	为什么选择梯度下降法解决此优化问题?请对比其他算法	触发模型自解释能力;可能偏离核心目标

3. 任务需求与提示语策略

不同的任务类型适配不同的模型,提示语的侧重点也各有不同。

(1)在数学证明任务(如"证明勾股定理")中,推理模型可凭借其强大的逻辑推导能力应对直接的提问,无须分步引导。而通用模型由于缺乏深度推理训练,需显式要求其分步思考,并提供示例(如"请分三步推导勾股定理,参考:1. 画直角三角形……"),以此帮助模型梳理思路,避免跳过关键步骤。

(2)在创意写作领域,推理模型适合在鼓励发散性思维的提示下发挥,设定特定角色或风格,如"以海明威的风格写一个冒险故事",能激发模型创作出别具特色的内容。通用模型则需明确约束目标,如"写一个包含'量子'和'沙漠'的短篇小说,不超过 200 字",防止内容偏离需求。

(3)当代码生成时,推理模型可在简洁需求下,凭借自身逻辑生成代码,如"用 Python 实现快速排序"。通用模型则需细化步骤,明确输入、输出格式,如"先解释快速排序原理,再写出代码并测试示例",这样能让模型生成的代码更贴合实际应用。

(4)在多轮对话场景中,推理模型需明确对话目标,如"从技术、伦理、经济三方面分析 AI 的未来",避免因对话过于开放而失去方向。通用模型则适合自然交互,无须结构化指令,如"你觉得人工智能的未来会怎样?"。

(5)在逻辑分析任务中,推理模型可直接应对复杂问题,如"分析'电车难题'中的功利主义与道德主义冲突"。通用模型则需将复杂问题拆分,逐步追问,如"先解释电车难题的定义,再对比两种伦理观的差异",以便模型逐步剖析问题。策略类型见表 6-4。

表 6-4　策略类型

任务类型	适用模型	提示语的侧重点	示例(有效提示)	需避免的提示陷阱
数学证明	推理模型	直接提问,无须分步引导	"请证明勾股定理"	冗余拆解(如"先画图,再列公式")
	通用模型	显式拆分步骤,提示示例	"请分三步推导勾股定理,参考:1. 画直角三角形……"	直接提问(如"证明勾股定理")

续表

任务类型	适用模型	提示语的侧重点	示例(有效提示)	需避免的提示陷阱
创意写作	推理模型	鼓励发散性,设定角色、风格	“以海明威的风格写一个冒险故事”	过度约束逻辑(如“按时间顺序列出”)
	通用模型	明确约束目标,避免自由发挥	“写一个包含‘量子’和‘沙漠’的短篇小说,不超过200字”	开放式指令(如“自由创作”)
代码生成	推理模型	简洁需求,依赖逻辑生成	“用Python实现快速排序”	分步指导(如“先写递归函数”)
	通用模型	细化步骤,明确输入、输出格式	“先解释快速排序原理,再写出代码并测试示例”	模糊需求(如“写排序代码”)
多轮对话	推理模型	明确对话目标,聚焦分析维度	“从技术、伦理、经济三方面分析AI的未来”	情感化提问(如“你害怕AI吗”)
	通用模型	自然交互,无须结构化指令	“你觉得人工智能的未来会怎样?”	强调逻辑链条(如“分三点回答”)
逻辑分析	推理模型	直接抛出复杂问题	“分析‘电车难题’中的功利主义与道德主义冲突”	添加主观引导(如“你认为哪种对?”)
	通用模型	拆分问题,逐步追问	“先解释电车难题的定义,再对比两种伦理观的差异”	一次性复杂指令

4. 如何向人工智能表达需求

在数字化时代,人工智能已成为人们工作与生活的得力助手。然而,想要从人工智能那里获得理想的答案,掌握有效的需求表达技巧至关重要。

明确需求类型是基础。当面临决策需求时,如选择投资方案时,要按照“目标 + 选项 + 评估标准”的公式表达,让人工智能清楚权衡的方向。若需求是分析数据(如分析市场销售数据),采用“问题+数据/信息+分析方法”的方式,能引导人工智能深度挖掘其中的模式和因果关系。

针对推理模型和通用模型,需采用不同策略。推理模型逻辑强,在处理决策需求时,可要求其进行严谨的逻辑推演和量化分析;面对创造性需求,能结合逻辑框架产出结构化创意。而通用模型经验丰富,在决策需求中,可直接获取其基于经验归纳的建议;在创造性需求表达中,通过示例引导其自由发散思维。

表达需求时语言要精准简洁,避免“大概”“差不多”等模糊词汇,让人工智能清晰理解意图;同时,提供必要背景信息,如在验证方案可行性时,阐述相关结论和风险点,帮助人工智能更好地执行任务。

合理拆分复杂需求也很关键。对于大型任务,可将其分解为多个小需求,依次传达给人工智能,能提升交互效果。

掌握向人工智能表达需求的技巧,能让用户更高效地利用人工智能资源,充分发挥其优势,为工作和生活带来更多便利与创新。需求类型见表6-5。

表 6-5 需求类型

需求类型	特点	需求表达公式	推理模型适配策略	通用模型适配策略
决策需求	需权衡选项、评估风险、选择最优解	目标+选项+评估标准	要求逻辑推演和量化分析	直接建议，依赖模型经验归纳
分析需求	需深度理解数据/信息、发现模式或因果关系	问题+数据/信息+分析	触发因果链推导与假设验证	表层总结或分类
创造性需求	需生成新颖内容（文本/设计/方案）	主题+风格/约束+创新方向	结合逻辑框架生成结构化创意	自由发散，依赖示例引导
验证需求	需检查逻辑自洽性、数据可靠性或方案可行性	结论/方案+验证方法+风险点	自主设计验证路径并排查矛盾	简单确认，缺乏深度推演
执行需求	需完成具体操作（代码/计算/流程）	任务+步骤约束+输出格式	自主优化步骤，兼顾效率与正确性	严格按指令执行，无自主优化

四、文案写作的提示语设计

在商业环境中，优质文案在品牌与消费者之间起到沟通的作用。它不仅应准确传达信息，还需激发情感共鸣，从而有效引导目标受众作出相应的决策或行动。文案写作中重要的维度包括：信息传递、情感共鸣和行动引导。信息传递的核心在于清晰、准确、相关。情感共鸣的核心在于触动、共感、记忆。行动引导的核心在于说服、激励和转化。

人工智能的近期研究目标是制造智能计算机，目的是代替人类从事各种复杂的脑力劳动。除此之外，人工智能还有远期研究目标，即探究人类智能和机器智能的基本原理，研究如何使用自动机模拟人类的思维过程和智能行为。随着移动互联网、大数据、云计算等新一代信息技术的不断加速发展，以及人与人、人与机器、机器与机器间的交流更加频繁，这一目标设想开始变为现实。同时，人工智能发展的信息环境和数据基础也发生着重大变化。深度学习成果显著、数据急剧增长、硬件运算能力提升、资本与技术结合都推动新一代人工智能不断发展。

1. 信息传递：设计清晰、精准的信息框架提示语

在商业文案写作中，有效的信息传递是基础，而信息传递的核心在于清晰和精准。优秀文案的信息传递特质和提示语设计技巧见表 6-6。

表 6-6 优秀文案的信息传递特质和提示语设计技巧

信息传递特质	提示语设计技巧
信息层次清晰	信息分层指令：在提示语中明确指出信息的层级结构
表达简洁精准	关键词限定：为每个信息点设定关键词或字数限制
结构逻辑严密	逻辑关系指示：清晰阐明各信息点之间的逻辑关联
受众针对性强	受众特征描述：提示语中包含目标受众的详细特征描述
记忆点突出	核心信息强化：要求在文案中通过重复表述或变换表达等方式深化核心内容

例如，请为[产品名称]创作一则产品说明文案，目标是实现清晰、精准的信息传递。请遵循以下结构和要求。

（1）核心信息（最高优先级，50 字以内）。

①产品的主要功能。

②核心价值主张。

要求：用一句简洁有力的话概括，必须包含[关键词 1]和[关键词 2]。

（2）功能详解（次优先级，150 字以内）。

①主要特性 1：[特性名]（20 字以内）。

②主要特性 2：[特性名]（20 字以内）。

③主要特性 3：[特性名]（20 字以内）。

要求：每个特性都要与核心价值主张有明确的逻辑关联。

（3）目标受众说明（50 字以内）：描述目标用户的关键特征和需求。

要求：用[目标受众]熟悉的语言和行业术语表达。

（4）产品优势总结（30 字以内）：提炼 2~3 个核心竞争优势。

要求：使用对比或排他性表述（如“唯一”“领先”等）。

（5）记忆点设计（20 字以内）：创作朗朗上口的产品标语或口号。

要求：包含产品名称和核心价值主张。

额外要求：

①使用简洁的句式，禁用复杂从句；

②每个部分之间使用“---”清晰分隔；

③关键信息使用加粗标记，每部分最多标记 3 处加粗；

④确保整体可读性指数控制在初中水平（参考 Flesch-Kincaid 可读性公式）。

2. 情感共鸣：设计触发情感反应的提示语

在商业文案设计中，情感共鸣是影响消费者行为的重要因素，其核心在于共情和感染。优秀文案的情感共鸣特质和提示语设计技巧见表 6-7。

表 6-7　优秀文案的情感共鸣特质和提示语设计技巧

情感共鸣特质	提示语设计技巧
情感基调明确	情感关键词指定：在提示语中明确指定文案应体现的核心情感
多感官体验	描述感官词汇要求：要求使用视觉、听觉、触觉等与感官相关的描述性词语
情境代入感强	场景设定指令：创建与产品使用或品牌相关的具体情境描述要求
情感层次丰富	情感层次递进：设计从基础情感到高级情感的递进结构
共情叙事表达	叙事结构指引：要求采用故事化的叙事方式展现品牌或产品价值

例如，为[品牌名称]创作一则品牌故事文案，请遵循以下结构和要求。

(1)情感基调设定(20 字以内):明确指出文案应体现的核心情感,如温暖、激励、惊喜等。

要求:选择与品牌调性高度匹配的情感基调。

(2)开场情境描述(80 字以内):勾勒与品牌或产品高度相关的日常场景。

要求:多感官描写,至少包含视觉、听觉、触觉中的两种。

(3)问题—情感—解决方案结构(150 字以内)。

①点出目标受众在该场景中面临的问题或挑战(30 字以内)。

②描述由此产生的情感反应(40 字以内)。

③展示品牌或产品如何解决问题并转化情感(80 字以内)。

要求:每个部分都要有明确的情感词汇,同时情感要有层次递进。

(4)品牌价值主张(50 字以内):用富有感染力的语言阐述品牌的核心价值。

要求:将理性价值与情感价值相结合。

(5)情感共鸣高潮(100 字以内):描述使用品牌或产品后的理想状态或对未来的憧憬。

要求:用比喻或隐喻的手法,增强文案的感染力。

(6)召唤共情的结语(30 字以内):设计能引发读者情感共鸣的号召性语句。

要求:使用第二人称,增强代入感。

额外要求:

①整个文案要形成一个完整的故事,有起承转合;

②在文案中巧妙植入 3~5 个与核心情感相关的成语或谚语;

③使用排比、对偶等修辞手法增强文案节奏感;

④控制整体情感基调,使用 VADER 情感分析工具,目标积极度为 0.6~0.8(积极但不夸张)。

3. 行动引导:设计促进决策和行动的提示语

在商业文案写作中,行动引导的最终目标是促使受众采取特定行动,其核心在于说服和激励。优秀文案的行动引导特质和提示语设计技巧见表 6-8。

表 6-8　优秀文案的行动引导特质和提示语设计技巧

行动引导特质	提示语设计技巧
明确的行动指向	行动目标明确化:在提示语中明确指出期望受众采取的具体行动
强烈的紧迫感	时间限制设置:要求在文案中加入限时优惠或稀缺性等信息
低门槛的起始步骤	简单行动设计:要求设计一个简单、具体,便于受众执行的第一步行动
清晰的收益阐述	利益点强化:要求明确列出采取行动后的具体收益
社会证明的运用案例	数据要求:要加入用户见证或数据支持等内容

例如,为[产品/服务名称]创作一则促销文案,目标是有效引导目标受众立即采取行动。

请遵循以下结构和要求。

(1)注意力抓取(30字以内):创作一个引人注目的标题。

要求:包含行动词和具体数字,如"立省30%""7天见效"等。

(2)行动目标明确化(20字以内):清晰阐述期望受众采取的具体行动。

要求:用祈使句,动词要具体明确,如立即订购、现在注册等。

(3)核心利益点(3点,每点30字以内):列举采取行动后获得的好处。

要求:每个利益点都要具体、量化,并与目标受众的需求直接相关。

(4)紧迫感营造(50字以内):营造一种不立即行动就会错失良机的氛围。

要求:使用限时优惠或限量供应等策略,给出具体的截止时间或数量。

(5)社会证明(2~3条,每条25字以内):提供用户见证或数据支持。

要求:包括具体数字和真实感受,如90%的用户表示效果显著等。

(6)低门槛起始步骤(40字以内):设计一个简单、具体,便于受众执行的第一步行动。

要求:这个步骤应该易于执行,降低用户的行动阻力。

(7)行动召唤语设计(15字以内):设计有力的行动召唤语。

要求:用强烈的行动词,如立即、马上、现在等。

(8)遗憾预防(30字以内):描述不采取行动可能造成的遗憾或损失。

要求:使用对比手法,突出行动和不行动的差异。

额外要求:

①在文案中加入2~3个与紧迫感相关的成语或谚语;

②用祈使句式标题或小标题,增强互动感;

③对关键信息进行视觉处理,如加粗、下画线等;

④控制整体紧迫感,使用FOMO(Fear of Missing Out)指数评估,目标指数为7~8(足够紧迫但不焦虑)。

任务实施

任务一　使用DeepSeek制作演示文稿

第一步:使用DeepSeek生成文案。进入DeepSeek官网首页(https://chat.deepseek.com),DeepSeek交流界面如图6-2所示。

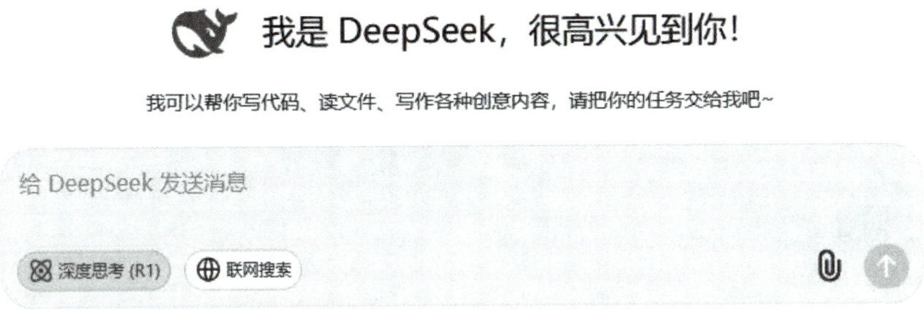

图 6-2 DeepSeek 交流界面

为取得更好的效果，选择“深度思考（R1）”，然后按照“我要做 xxx，用于 xxx，希望 xxx”的公式输入提示词。比如，我要做一份关于德州扒鸡的 PPT，用于向朋友分享我家乡的特色，希望深入解读德州扒鸡的发展过程。

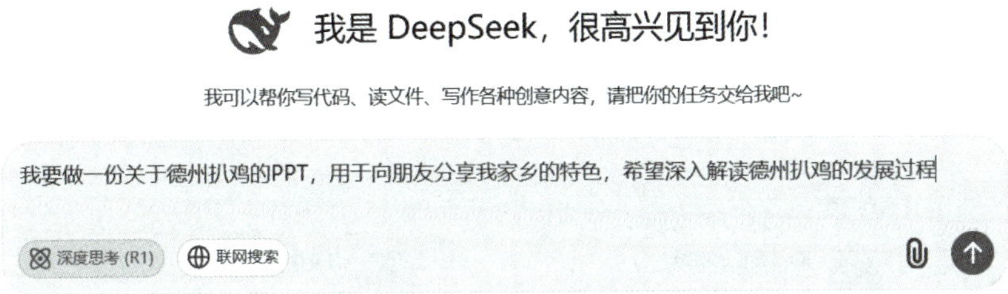

图 6-3 输入提示语

DeepSeek 会生成一份逻辑清晰的内容大纲，然后把整个内容大纲复制下来。

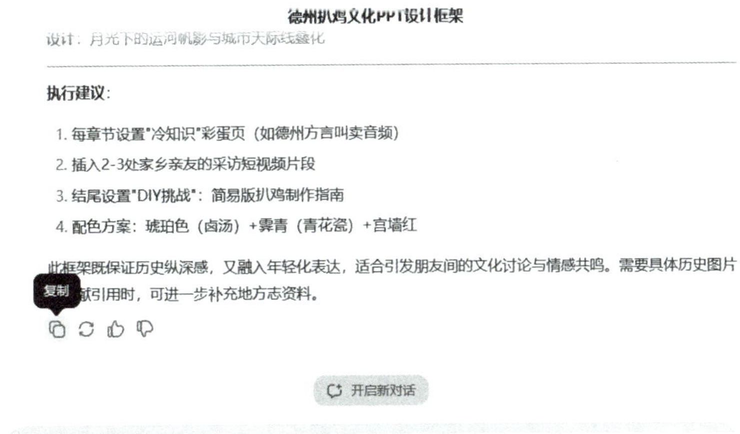

图 6-4 生成界面

第二步：用 Kimi 生成 PPT。进入 Kimi 官网首页（https://kimi.moonshot.cn），点击左侧的 Kimi+图标，如图 6-5 所示。

图 6-5　kimi 交流界面

双击“PPT 助手”，如图 6-6 所示。

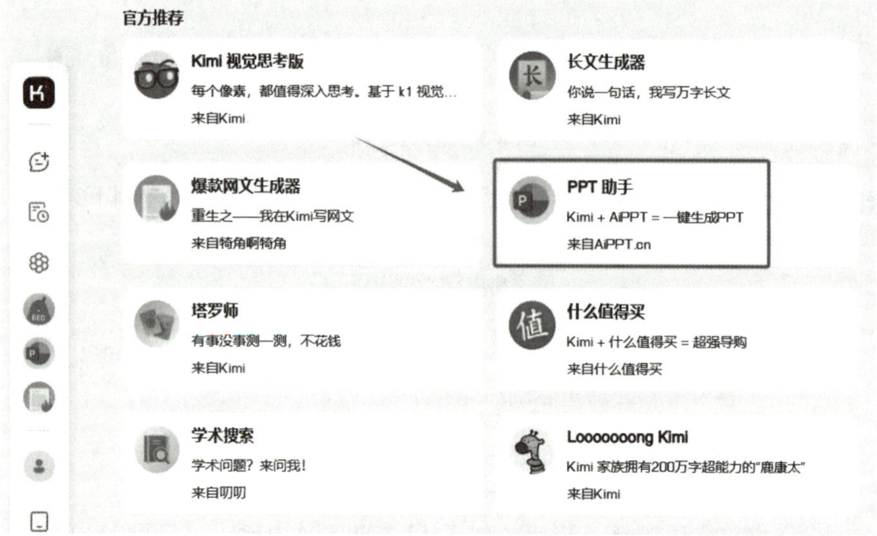

图 6-6　PPT 助手

将从 DeepSeek 复制的内容大纲粘贴进去，点击发送图标，Kimi 会自动润色文案，如图 6-7 所示。

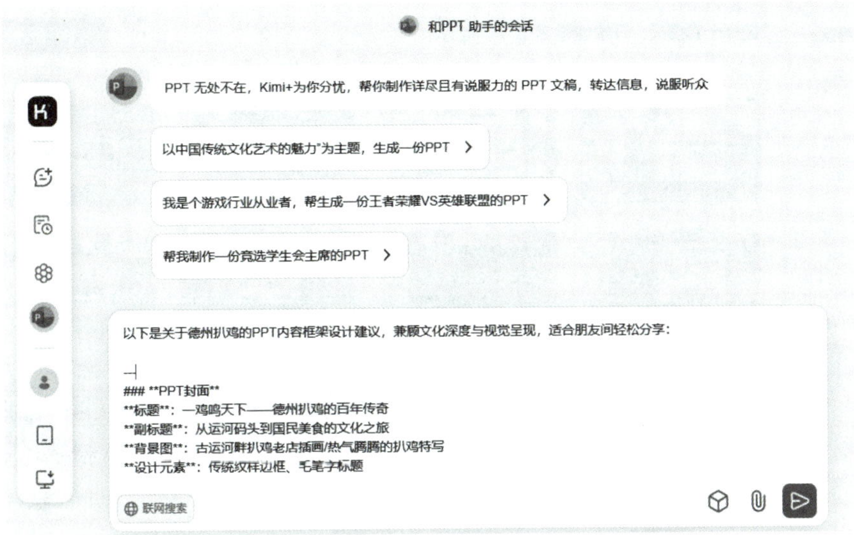

图 6-7　润色文案

任务二　使用 Kimi 生成并优化演示文稿

润色文案后点击左下角的"一键生成 PPT"进入 PPT 的生成窗口，如图 6-8 所示。

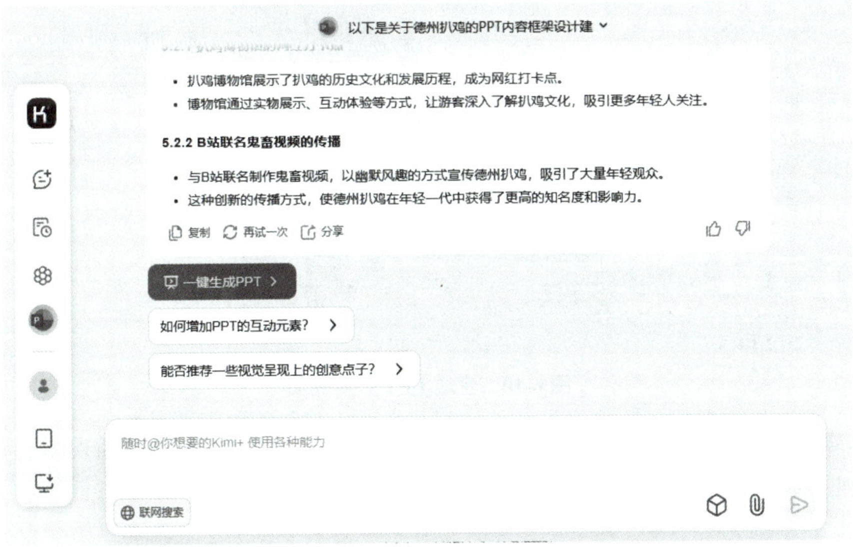

图 6-8　生成 PPT

第一步：选择主题。PPT 提供了超多精美的模板，可根据需要选择模板场景、设计风格以及主题颜色，如图 6-9 所示。选择完毕后点击右上角的"生成 PPT"，Kimi 会根据配置自动生成 PPT。

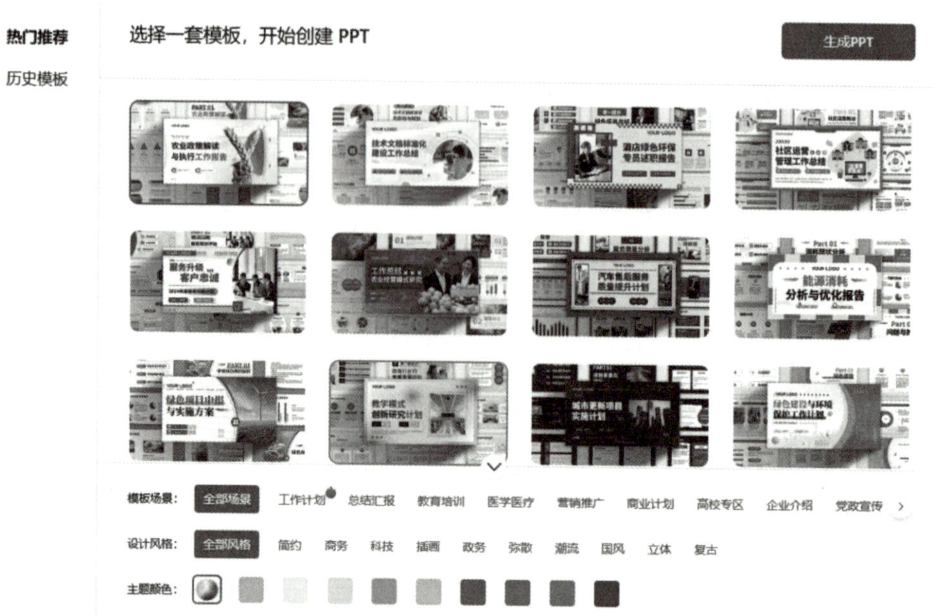

图 6-9　选择主题

第二步：修改并导出 PPT。生成 PPT 后，点击右下角的“编辑 PPT”进入 PPT 编辑窗口。生成 PPT 等待界面如图 6-10 所示。

图 6-10　生成 PPT 等待界面

在编辑页面，可以继续修改大纲、主题模板，还可以在左侧新建表格、插入图表等。点击右上角的“下载”可下载编辑好的 PPT，如图 6-11 所示。

图 6-11　下载 PPT

通过本次任务，我们深化了对 DeepSeek 基础知识的掌握，明晰了人工智能的核心技术及其简易实现成果，同时学习了文案写作提示语设计，实践了“DeepSeek+Kimi”生成 PPT 的方法，把握了 DeepSeek 的发展趋势，进一步巩固了对 DeepSeek 的认知。

人工智能故事

当 AI 成为非遗传承的“神笔”——DeepSeek 与年画大师的跨时空对话

杨柳青年画传承人王老先生最近总对着案头的半幅《连年有余》叹气。这幅百年前的残卷缺了右侧童子手中的鱼灯纹样，他翻遍族谱记载也找不到确切样式，眼看中国非物质文化遗产博览会即将召开，修复工作陷入僵局。徒弟小李捧着平板电脑走进来：“师父，试试这个叫 DeepSeek 的 AI？听说能帮着找到线索。”

王老先生将信将疑地看着屏幕。小李在对话框里输入：“请分析杨柳青年画《连年有余》的鱼灯纹样演变，结合清代道光年间的民俗特征，还原残缺的鱼灯细节。”DeepSeek 的进度条缓缓滚动，片刻后弹出一段文字：“根据杨柳青博物馆藏道光年间《鱼跃龙门》残片及《津门岁时记》记载，当时鱼灯多采用‘三尾锦鲤抱珠’造型，灯架饰缠枝莲纹，灯罩绘‘卍’字不到头图案……”

更令人惊喜的是，DeepSeek 还生成了纹样分解示意图：先勾勒鲤鱼腾跃的弧线，再添上珍珠状灯芯，最后用金粉线条勾勒莲纹边框。王老先生对照着放大的细节，突然拍案而起：“对！我小时候见过太爷爷画过类似的缠枝莲，就是这个笔法！”

可修复到鱼灯尾部时，新的难题出现了——残卷边缘隐约可见的云纹与 AI 生成的样式衔接不够自然。小李调整提示语：“请结合残卷现存云纹的笔触走向，优化鱼灯尾部纹样，使其符合‘笔断意连’的传统画法。”这次，DeepSeek 不仅修改了云纹弧度，还附上一段说明：“杨柳青年画讲究‘疏可走马，密不透风’，建议在衔接处保留 3 毫米留白，模拟古画自然磨损的层次感。”

中国非物质文化遗产博览会开幕当天，修复完整的《连年有余》引来众人围观。当观众得知其中鱼灯纹样由 AI 辅助还原时，有人好奇：“机器能懂老手艺的精髓吗？”王老先生指着画中鲤鱼的眼睛笑道：“你看这点睛的墨法，AI 给了三种方案，最后选的这个‘水中藏月’，是咱们祖辈传下来的讲究——机器能找规矩，但懂得取舍的还是人。”

博览会结束后，王老先生让小李教他用 DeepSeek 整理历代年画口诀。AI 将散落的“调色要‘三矾九染’”“开脸需‘先淡后浓’”等短句，梳理成系统的《杨柳青年画技法图谱》，还标注了与故宫藏本的异同。王老先生抚摸着打印出来的图谱，想起年轻时师父的教诲：“手艺传下去，不光要守着老样子，还得找到新法子。”

如今，师徒俩常和 DeepSeek“讨论”新作品：王老先生口述构思，小李转化为提示语，AI 生成数种草稿。最近他们合作的《冬奥福娃》年画，既保留了传统“胖娃娃”的圆润造型，又融入了冰丝带元素，成了年轻人追捧的文创爆款。

“原来 AI 不是来抢饭碗的，而是来递工具的。”王老先生在日记里写道，“就像当年从木版刻印改成石版印刷，变的是法子，不变的是把日子画得热热闹闹的念想。”窗外，春风拂过晾着的年画，新绘的锦鲤仿佛正要跃出纸面，带着千年的墨香，游向更远的未来。

评价与考核

思政(素质)目标考核评价表

时事问题讨论考核评价表

姓名：　　所在小组：　　今日助教：　　日期：

主题内容	对本次课前测试中的时事问题进行讨论，并交流自己的体会		
评价项目	评价要求	经验值	获得经验值
内容	讨论内容紧扣主题，见解独到深刻，积极向上，对其他同学有启发或触动作用	3	
态度	积极主动	2	

时事讲述考核评价表

主题内容	对本次课程导入的时事案例进行讲述或演述，并列举相关案例		
评价项目	评价要求	经验值	获得经验值
语言表达	声音洪亮，口齿清晰，语速适当	1	
肢体表达	动作适当，举止自然得体	1	
拓展内容	案例适当，有较好的引申作用	2	
现场效果	具有较强的吸引力，效果良好	3	

小组汇报考核评价表

DeepSeek 技术应用考核评价表

评价项目	评价要求	经验值	教师评价（占 50%）	小组互评（占 50%）	获得经验值
理论知识	DeepSeek的相关知识	10			
技术能力	“DeepSeek+Kimi”生成 PPT	15			
学习重点	文案写作提示语设计	10			

姓名：　　所在小组：　　今日助教：　　日期：

任务模拟测试题

一、单项选择题

1. DeepSeek 的核心优势是(　　)。

A. 仅支持英文输入　　B. 强大的中文理解能力

C. 不支持多模态内容　　D. 无模板库功能

2. 在 DeepSeek 中创建演示文稿时,“PPT 助手”的主要作用是(　　)。

A. 自动生成全部内容　　B. 提供文本内容建议

C. 仅设计幻灯片布局　　D. 生成动画效果

3. DeepSeek 模板市场不包含以下哪种资源?(　　)

A. PPT 模板　　B. 视频素材　　C. 图标库　　D. 字体资源

4. 以下哪种文件格式可直接导入 DeepSeek 作为素材?(　　)

A. EXE　　B. PDF　　C. MP3　　D. APK

5. 调整幻灯片配色时,DeepSeek 支持哪种操作?(　　)

A. 语音指令设置颜色　　B. 自定义 RGB 数值

C. 仅使用默认配色　　D. 无法修改配色

6. 团队协作编辑演示文稿需使用 DeepSeek 的哪个功能?(　　)

A. 云协作共享　　B. 导出 PDF　　C. 打印功能　　D. 转为视频

7.“智能排版”功能无法实现以下哪项操作?(　　)

A. 自动调整段落间距　　B. 修改背景材质

C. 优化图片位置　　D. 生成目录页

8. 提高演示文稿专业性的关键是(　　)。

A. 大量动画效果　　B. 复杂字体组合

C. 明确提示词引导　　D. 高分辨率图片堆砌

9. DeepSeek 演示模式的快捷键是(　　)。

A. F5　　B. Ctrl+P　　C. Alt+D　　D. Shift+F10

10. DeepSeek 不支持的导出格式是(　　)。

A. PPTX　　B. XLSX　　C. MP4　　D. HTML

项目七

大模型应用构建全攻略——聆思平台

本项目视频资源

学习目标

知识目标

1. 了解聆思平台在线编排构建大模型应用的基本原理。
2. 掌握大模型相关参数的含义、作用及对模型输出结果的影响。
3. 了解在聆思平台上实现大模型应用从创建、编排、部署到分享的完整流程。

能力目标

1. 能够运用聆思平台的在线编排功能，根据需求设计并构建大模型应用。
2. 能够根据实际应用场景，灵活调整大模型参数和提示词模板。

思政（素质）目标

1. 激发创新思维和探索精神。
2. 强化数据安全和隐私保护意识，在处理大模型应用相关数据时，严格遵守相关法律法规和平台规范，确保数据安全存储与合规使用。
3. 树立尊重知识产权的观念，自觉维护他人及自身在大模型技术应用开发中的创新成果。

任务准备

一、大模型应用构建概述

1. 大模型的核心特征与应用场景

大模型（Large Model）是指基于海量数据训练，具备千亿级以上参数规模的人工智能模型，核心特征包括如下。

（1）大规模参数：如 GPT-3 拥有 1 750 亿个参数，通过深度神经网络捕捉复杂语义关联。

（2）跨领域泛化：无须针对单一任务专门训练，可同时处理翻译、问答、生成等多模态任务。

（3）涌现能力：参数规模突破临界点后，表现出逻辑推理、创意生成等“智能涌现”现象（如 GPT-4 的数学解题能力）。大模型的典型应用场景见表 7-1。

表 7-1　大模型的典型应用场景

领域	应用案例	大模型价值
智能客服	银行客服机器人自动解答业务流程问题	7×24 小时响应，降低人工成本，提升客户满意度
内容生成	广告文案自动生成、代码辅助编写	批量生产高质量内容，缩短创作周期，降低创意门槛
知识问答	企业内部文档智能检索（如法律条款查询、产品手册问答）	快速定位专业领域知识，解决信息孤岛问题
数据分析	自动生成财报数据摘要、市场趋势预测	处理非结构化文本数据，提取关键洞察，为决策提供有效辅助

2. 构建大模型应用的核心要素

构建大模型应用的核心要素包括数据、算法、算力。

（1）数据：大模型训练依赖海量数据（达万亿级 token，如 GPT-3 训练数据约 45 TB），需覆盖多语言、多体裁文本，且需经过清洗、去重以减小噪声干扰。

（2）算法：以 Transformer 为代表的架构创新（如自注意力机制解决长距离依赖问题），结合预训练-微调范式提升效率。

（3）算力：训练阶段需数千张 GPU 并行计算（如训练 GPT-3 消耗 3 640 PF-days 算力），推理阶段需优化模型部署以降低算力成本。

从“模型即服务”到“应用即解决方案”的演进。

（1）传统模式：通过调用 API（应用程序接口）获取文本生成结果（如直接使用 ChatGPT 接口）。

（2）构建思维：整合“数据输入-模型处理-业务逻辑-用户交互”链条。例如，为电商平台构建专属客服系统：接入商品知识库→设计对话流程节点→集成订单查询 API →生成可视化交互界面。

二、大模型应用构建的核心技术原理

1. 大语言模型（LLM）基础

1）语言模型的演进史

（1）统计模型时代（2000 年前）：基于 n-gram 统计词频，如“天气很好”后接“心情”的概率，局限于短距离依赖。

（2）深度学习早期（2010—2017 年）：使用 RNN/LSTM 处理序列数据，解决长距离依赖但计算效率低（如翻译任务需逐词生成）的问题。

(3)Transformer 革命(2017 年至今):通过自注意力机制并行处理序列,支持上万 token 上下文(如 GPT-4 支持 32K token),实现“一次编码,全局理解”。

2)Transformer 的核心原理

(1)自注意力机制:计算每个词与其他词的关联权重,例如“猫坐在垫子上,它很柔软”中,“它”通过注意力权重指向“垫子”。

(2)位置编码:通过正弦函数赋予词序信息,解决 Transformer 无序列处理能力的问题。

(3)多层堆叠:多层 TransformerEncoder/Decoder 堆叠形成深度网络,底层学习词汇级特征(如词性),高层学习语义级特征(如逻辑关系)。

3)大模型的能力边界

(1)上下文长度限制:超过最大 token 数时早期信息丢失(如 10 轮对话后遗忘首轮问题)。

(2)专业知识瓶颈:未进行针对性训练时,回答医学、法律等领域问题的准确率低于 50%(如混淆“心肌梗死”与“心绞痛”的治疗方案)。

(3)幻觉问题:生成无事实依据的内容需通过外部知识库验证解决。

2. 向量数据库与语义检索技术

文本向量化技术对比见表 7-2。

表 7-2 文本向量化技术对比

技术	原理	优势	典型应用场景
Word2Vec	通过滑动窗口预测上下文词,生成词向量	快速高效,适合基础检索	早期文本分类、简单问答系统
BERT Embedding	基于 BERT 模型生成包含上下文语义的向量	动态语义表示(如“苹果”区分水果 / 公司)	复杂语义检索、多模态融合
对比学习	训练使相似文本向量接近、不相似文本向量远离	高区分度,适合细粒度检索	专利文献查重、学术论文推荐

1)向量数据库的核心功能

(1)相似度检索:通过余弦相似度计算查询向量与库中向量的匹配度,返回 Top-N 最相关结果(如检索“如何申请信用卡”时匹配银行手册中的 3 个最相关段落)。

(2)高维数据存储:支持百万级以上高维向量(如 768 维 BERT 向量)的快速写入与查询,延迟控制在毫秒级。

(3)动态索引:自动构建 HNSW 等高效索引结构,数据量增长时检索效率不显著下降。

2)解决大模型痛点的逻辑

(1)长文本处理:将文档切分为 500 token 片段存入向量库,查询时仅检索相关片段,突破模型 token 限制。

(2)成本优化:减少模型处理无关数据的消耗(如原需处理 10 000 token,现仅处理 1 000 token 相关内容),API 调用成本降低 50%以上。

（3）领域知识注入：将企业专属知识库（如产品手册、历史对话）转化为向量，使模型回答更贴合业务场景。

3. 提示工程（Prompt Engineering）基础

1）提示词设计的三个原则

（1）清晰性：明确指令边界，避免歧义。

反例为“写一篇文章”。优化后为“写一篇200字的环保主题科普短文，包含3个日常生活中的节能技巧”。

（2）完整性：提供必要的背景信息，帮助模型缩小生成范围。

示例：任务为“生成面试回答”。

提示词：“你是一名资深HR，候选人申请的是市场营销岗位，请针对‘如何应对客户投诉’问题，生成3条结构化回答，每条不超过50字。”

（3）引导性：通过示例（Few-Shot）提升生成质量。

问题：如何煮奶茶？

回答：①准备茶叶和牛奶；②茶叶煮水后加入牛奶；③小火慢熬5分钟。

问题：如何煮咖啡？

回答：①磨咖啡豆；②用水冲泡咖啡粉；③过滤后饮用。

2）动态参数调优

（1）Temperature（温度）：控制输出随机性，取值范围为0.1~1.0。

①低（0.1）：输出确定性高，适合精准问答（如“中国的首都是北京”）。

②高（0.9）：输出多样性强，适合创意生成（如诗歌创作、故事续写）。

（2）Top-K：从 K 个候选词中选择输出，避免低概率错误。

① K=1：严格选择最高概率词，可能导致重复（如“今天天气很好，很好，很好”）。

② K=5：从5个候选词中随机选择，平衡多样性与合理性。

三、大模型应用构建流程

1. 需求分析与场景定义

任务类型分类见表7-3。

表7-3 任务类型分类

任务类型	核心目标	示例场景	关键评估指标
文本分类	将文本归为预设类别	垃圾邮件识别、情感分析	准确率、F1值
文本生成	按要求创造新文本	新闻写作、代码补全	流畅度、相关性
知识问答	从数据中提取答案	客服问答、文档检索	答案准确率、召回率
逻辑推理	基于规则或数据推导结论	数学解题、故障诊断	逻辑正确性、步骤完整性

数据可行性评估清单如下。

（1）规模：是否拥有至少10万条标注数据（微调需求）或1 TB以上无标注数据（预训

练需求)。

(2)质量:数据中错误信息占比是否<5%,专业领域数据是否覆盖核心术语(如医疗数据需包含"CT 影像""病理报告"等词汇)。

(3)合规:是否涉及用户隐私(如医疗记录需去标识化),是否符合行业数据安全规范(如金融数据需加密存储)。

2. 数据准备与预处理

1)多源数据的采集方法

(1)结构化数据:从数据库(如 MySQL)提取表格数据,转换为 JSON 格式(如用户订单表→{"订单号":"20 231 001","商品":"笔记本电脑"})。

(2)非结构化数据。

①文档:通过 Python 库(如 PyPDF2)解析 PDF 或 Word,提取纯文本。

②网页:使用网络爬虫框架(如 Scrapy)抓取公开网页内容,需注意 Robots 协议合规。

(3)半结构化数据:从 XML 或 JSON 文件中提取关键字段(如 API 返回的商品描述信息)。

2)文本分片策略

(1)固定长度分片:按 500 token 切分(适用于通用场景),如 10 000 字文档切分为 20 个片段。

(2)语义感知分片:基于句号或段落切分,避免切断完整句子(适用于法律合同等严谨文本)。

(3)重叠分片:相邻片段重叠 100 token,保留上下文连贯性(如片段 1 为 1~500 token,片段 2 为 400~900 token)。

3. 模型选择与架构设计

表轻量化技术对比见表 7-4。

表 7-4 表轻量化技术对比

技术	原理	效果(以 GPT-2 为例)	适用场景
模型蒸馏	用教师模型(大模型)指导学生模型(小模型)学习	参数减少 40%,推理速度提升 60%	移动端部署(如手机APP)
模型量化	将浮点参数转为整数(如 16 bit → 8 bit)	显存占用减少 50%,精度下降 <2%	边缘设备(如智能音箱)
PEFT	仅微调部分参数(如 LoRA 技术微调 0.1% 参数)	微调成本降低(约 99%),效果接近全量微调	快速领域适配(如企业客服)

以聆思平台为例,其可视化编排工具采用节点化设计,将流程拆解为可拖放的组件。

(1)输入层:对话入口节点(接收用户文本/语音)、文件上传(导入知识库文档)。

(2)处理层:提示词节点(注入任务指令)、向量检索节点(查询知识库)、大模型节点(调用星火、GPT 等模型)。

(3)输出层:文本响应(返回用户答案)、API 输出(对接业务系统)、TTS 合成(语音播报）。

4. 开发与调试

1）提示词迭代流程

（1）初始模板：基于任务类型设计基础提示词（如“你是一个[角色]，请[任务指令]”）。

（2）A/B 测试：同时测试 2~3 个版本提示词，对比指标（如生成相关性、用户满意度）。

（3）用户反馈：收集使用中的错误案例（如“用户问‘退货流程’，模型回答‘换货政策’”），有针对性地补充约束条件（如“仅回答退货相关步骤”）。

2）关键参数调优案例

（1）场景：客服系统生成的回答需简洁准确。

（2）问题：原参数（Temperature=0.8, Top-K=10）导致回答冗长且包含无关信息。

（3）调整：Temperature 降至 0.2（减少随机性），Top-K 降至 3（缩小候选范围）。

（4）效果：回答字数减少 40%，关键信息准确率从 75%提升至 92%。

5. 部署与运维

多环境部署差异见表 7-5。

表 7-5　多环境部署差异

环境	目标	配置重点	典型操作
测试环境	功能验证	低算力配置（如单 GPU）	用 Postman 发送 100 次模拟请求，测试响应成功率
生产环境	稳定运行	高可用架构（负载均衡+容错）	部署至 Kubernetes 集群，设置自动扩缩容策略

1）性能监控指标

（1）响应时间：95%请求需在 2 秒内响应，超时率>5%时触发预警。

（2）资源消耗：GPU 利用率维持在 60%~80%（过低浪费资源，过高导致排队延迟）。

（3）错误类型：区分模型错误（如幻觉）与系统错误（如网络中断），前者需优化提示词，后者需排查服务器问题。

2）安全合规措施

（1）数据加密：传输层用 HTTPS，存储层对向量数据库敏感字段（如用户 ID）加密。

（2）访问控制：API 调用需携带 Token 认证，按角色分配权限（如客服仅能调用对话接口，管理员可查看日志）。

（3）隐私保护：遵循“最小必要”原则，仅收集任务必需的数据（如客服系统不存储用户支付密码）。

四、大模型应用构建关键要素

1. 领域知识融合技术

1）知识库构建方法

（1）结构化数据：将知识图谱（如企业组织架构、产品分类）转换为三元组（实体-关系-实体），如“产品 A-属于-电子产品”。

（2）结构化数据：通过 NLP 技术提取关键信息，如从合同文本中抽取“甲方”“乙方”“条款有效期”等实体。

领域适配技术对比见表 7-6。

表 7-6　领域适配技术对比

方法	原理	优势	适用场景
微调（Fine-tuning）	用领域数据更新模型全部参数	深度适配，显著提升准确率	医学诊断、法律文书生成等专业领域
提示词优化（Prompt-tuning）	仅优化提示词相关参数，冻结模型主体参数	低成本、快速迭代	客服话术调整、商品推荐文案生成等场景

2）法律领域案例

（1）需求：生成符合《中华人民共和国民法典》的合同条款。

（2）方案。

①构建法律知识库：系统收录《中华人民共和国民法典》全部条文及 500 余件司法实践案例 。

②提示词设计：“根据《中华人民共和国民法典》第五百零九条，分析以下合同条款的合规性：[用户输入]”。

（3）模型选择：在通用模型基础上微调法律领域数据，准确率从 60%提升至 85%。

2. 多模态交互设计

1）跨模态输入处理技术

（1）语音转文本（ASR）：通过 Whisper 等模型将用户语音转换为文本，支持多语言混合输入（如“Hello, 今天天气怎么样？”）。

（2）图像理解：用 ViT（视觉 Transformer）提取图像特征，结合 LLM 生成描述（如用户上传产品图，模型返回“这是一款银色笔记本电脑，屏幕尺寸为 15.6 英寸”）。

2）多模态输出生成

（1）TTS 合成：将文本答案转为语音，支持自定义音色（如客服系统使用温和的女声，儿童 APP 使用卡通音效）。

（2）图文结合：生成报告时自动插入图表，如回答“2023 年销售额趋势”时，输出文字分析和折线图（调用 Python Matplotlib 库生成）。

3）智能助手案例

（1）场景：儿童教育 APP 的多模态交互。

（2）流程。

①输入：儿童语音提问“为什么星星会眨眼？”，并上传手绘的星星图片。

②处理：ASR 转文本→图像识别提取“星星”主题→检索天文知识库。

③输出：语音回答（使用卡通音效）和动画演示恒星闪烁原理。

3. 工具与平台选择

开源工具链对比见表 7-7。

表 7-7 开源工具链对比

工具	核心功能	优势	入门要求
Hugging Face Transformers	提供 BERT、GPT 等模型实现，支持快速微调	社区活跃，文档丰富	需具备 Python 及深度学习基础
LangChain	封装模型交互、知识库连接等模块，简化应用开发流程	低代码化，支持链式流程设计	适合有编程基础的开发者
Haystack	专注问答系统构建，集成检索与生成模块	开箱即用的端到端方案	需熟悉信息检索技术

商业平台功能对比见表 7-8。

表 7-8 商业平台功能对比

平台	核心优势	典型客户	收费模式
聆思平台	可视化编排、零代码部署，支持星火大模型深度集成	中小型企业、教育机构	按 API 调用量计费，免费版含基础功能
通义千问	阿里云生态整合，支持大规模算力调度	电商、制造业企业	包年套餐和按需付费
文心一言	百度搜索数据赋能，擅长中文语义理解	媒体、内容平台	阶梯式定价，企业版支持私有化部署

1）低代码（如聆思平台）

（1）优势：5 分钟拖放节点构建基础应用，适合非技术人员快速验证想法。

（2）局限：复杂逻辑（如多模型融合）需依赖平台扩展功能，定制化空间有限。

2）代码开发

（1）优势：完全掌控流程，可实现个性化算法优化（如自定义向量检索排序规则）。

（2）局限：需掌握 Python、深度学习框架，开发周期较长（基础系统需 1~2 周）。

任务实施

任务一 构建大模型

聆思平台为开发者提供了一种极为便捷的应用构建方案，支持在线可视化应用编排，可高效完成大模型应用的开发和部署。同时，聆思平台还配备 Web 应用分享功能，让开发者轻松共享 Web 应用成果，方便他人访问和测试。

1. 创建应用

点击应用模块中的“创建应用”给应用命名，应用类型选择“在线编排”，如图 7-1 所示。

图 7-1　创建应用

进入在线编排界面，打开刚创建的应用，点击"编排应用"进入可视化应用编排界面，如图 7-2 所示。

图 7-2　可视化应用编排界面

在线编排界面分为以下三部分:节点栏,用于选择编排需要的节点;编排区,拖拽节点到此区进行应用的编排;辅助栏,可显示节点信息、应用日志、平台帮助,也可在此配置节点。在线编排界面如图 7-3 所示。

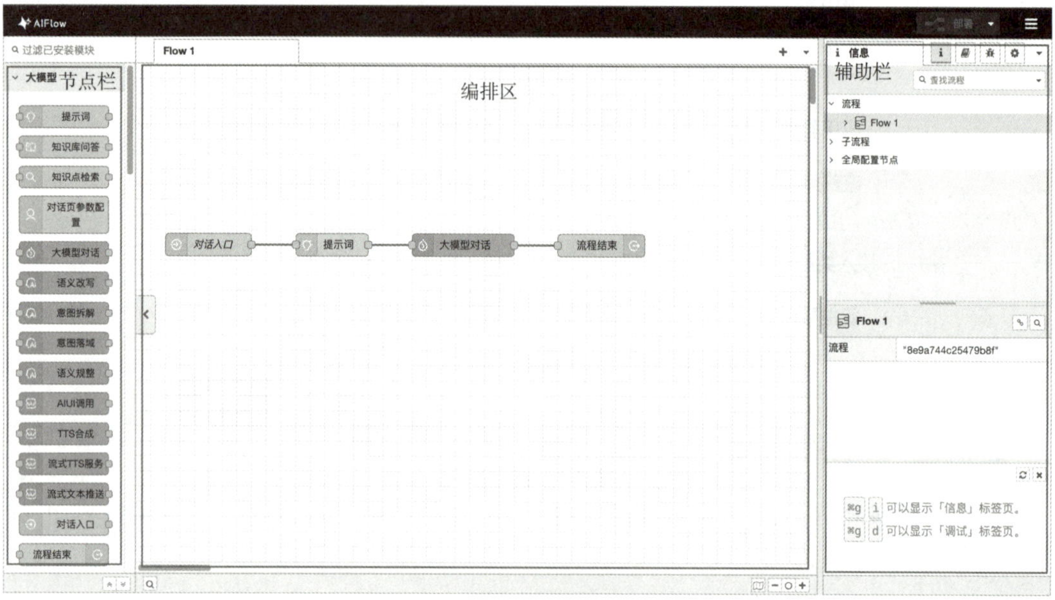

图 7-3　在线编排界面

简单的应用编排,将对话入口、提示词、大模型对话、流程结束四个节点从节点栏拖到编排区,并按照图 7-4 连接节点。

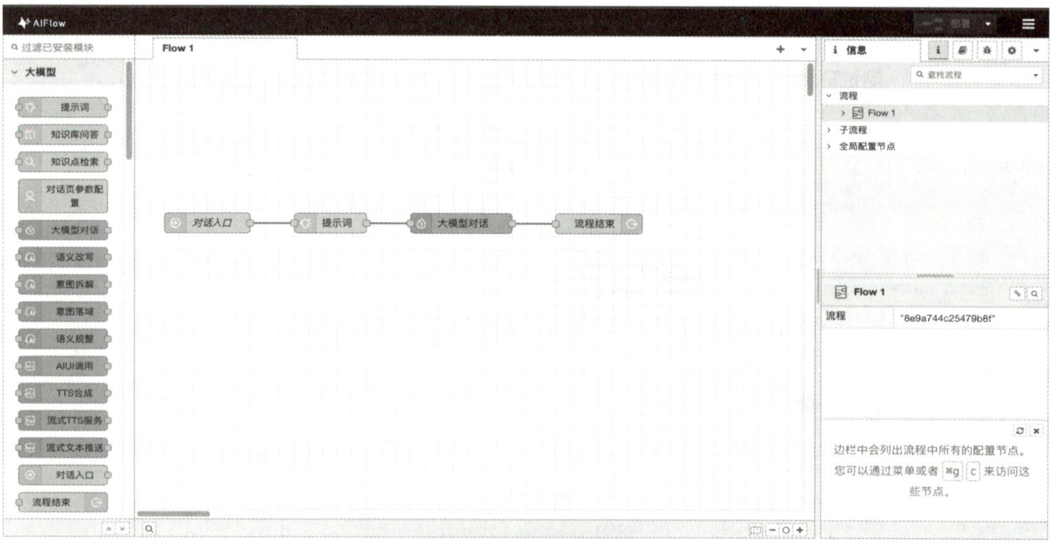

图 7-4　应用编排

双击“大模型对话”节点,在展开的配置页面可以根据产品需求调整模型默认参数,如图 7-5 所示。

图 7-5　调整模型默认参数

相关参数属性详情，见表 7-9。

表 7-9　相关参数属性详情

名称	类型	说明	是否必填	默认值	备注
tokens 最大值	int	回答的 tokens 的最大长度	否	1 024	最小值是 1，最大值是 4 096
temperature	float	核采样阈值	否	0.1	最小值是 0.1，最大值是 1
top_k	int	从 K 个属性中随机选择一个（非等概率）	否	4	最小值是 1，最大值是 6
流式返回	bool	是否以流式输出	否	不勾选	—

双击“提示词”节点，在展开的配置页面编辑提示词模板内容，如图 7-6 所示。

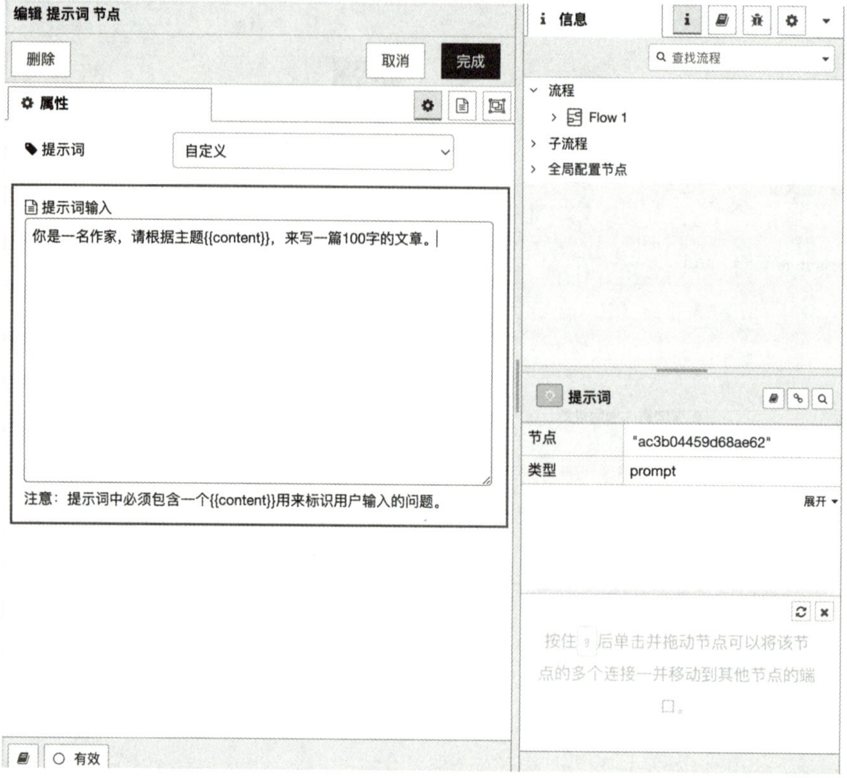

图 7-6　双击“提示词”节点

提示词模板需要包含{{content}}，用于标志用户输入的内容。

2. 应用的部署与分享

完成节点编排后，即可进行应用部署。点击页面右上角的“部署”，将应用部署到测试环境，如图 7-7 所示。

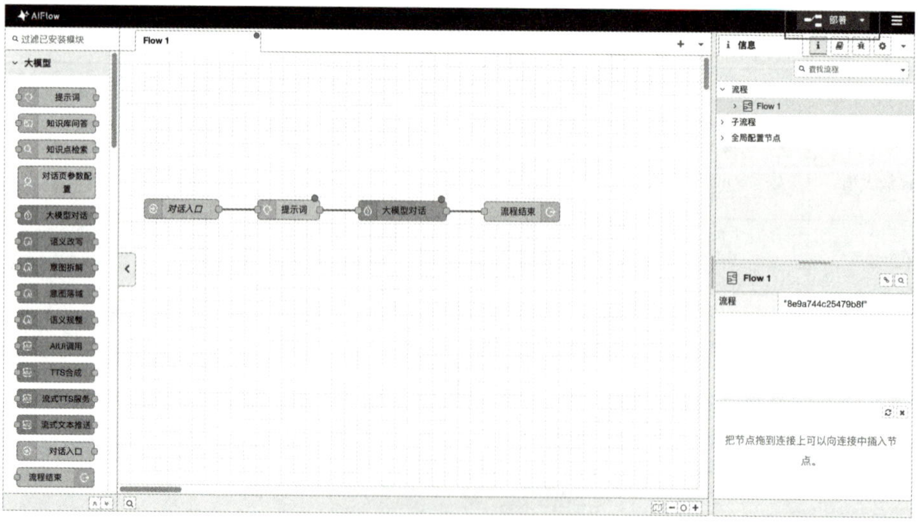

图 7-7　进行应用部署

返回聆思平台，点击“部署生产”，将应用部署到生产环境，如图 7-8 所示。

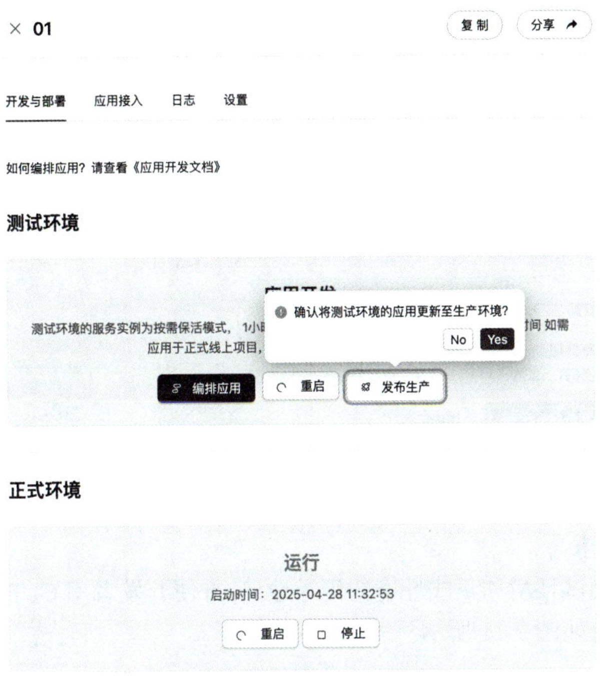

图 7-8　将应用部署到生产环境

应用成功运行后，点击“分享”即可生成 Web 应用链接，如图 7-9 所示。

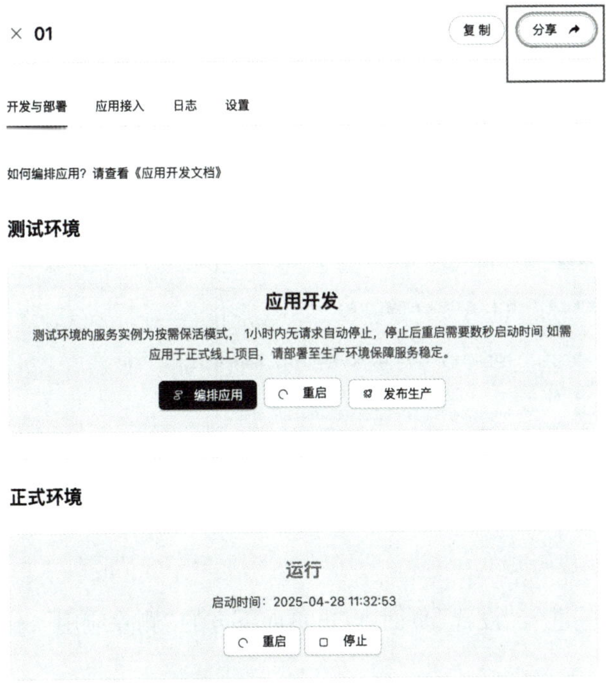

图 7-9　生成 Web 应用链接

生产环境下的 Web 应用链接是在正式环境（生产环境）中运行的应用，如图 7-10 所示。

图 7-10　在正式环境中运行

3. 通过 URL 请求

聆思平台提供测试环境和正式环境的请求地址，方便开发者用 CURL、Postman 或其他指令、工具进行请求，如图 7-11 所示。

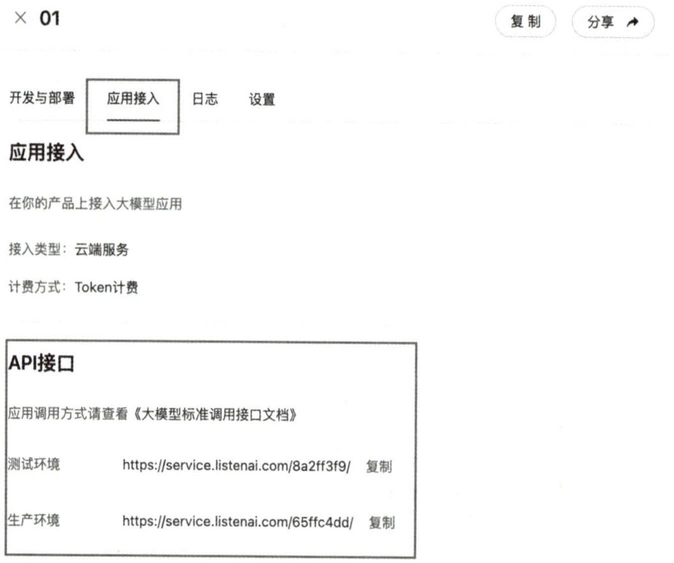

图 7-11　通过 URL 请求

4. 删除应用

如需删除应用，应进入“设置”页面，点击页面下方的“删除应用”，输入应用名称即可删除，如图 7-12 所示。

图 7-12 删除应用

人工智能故事

大模型拯救濒危语言

在遥远的安第斯山脉深处，有一个名为圣何塞的小村庄。这里的人们世代说着一种古老的语言——克丘亚语，它承载着数千年的文化、历史和传统，每一个词汇都蕴含着独特的情感与故事。然而，随着现代社会的发展，越来越多的年轻人离开村庄去城市生活，克丘亚语的使用频率急剧下降，逐渐成为濒危语言。

年轻的语言学家玛雅听闻了这个情况，心急如焚。她深知如果不采取措施，这门珍贵的语言将会消失。就在她感到无助之时，一项全新的大模型技术进入了她的视野。这个大模型拥有强大的自然语言处理能力，经过海量文本数据的训练，能够理解和生成多种语言。玛雅看到了拯救克丘亚语的希望，决定借助大模型的力量完成这个艰巨的任务。

玛雅带着设备来到圣何塞村，开始收集克丘亚语的资料。她与村里的老人们交谈，记录下他们口中的词汇、短语和故事。但克丘亚语没有统一的文字系统，很多表述只存在于人们的口口相传中，这给收集工作带来了极大的困难。

大模型在分析这些收集到的碎片化语言信息时,展现出了惊人的能力。它从有限的语句中总结出克丘亚语的语法规律,通过复杂的算法推测出一些缺失词汇的可能形式。例如,当玛雅输入一些描述动物的词汇时,大模型根据已有的数据和语言逻辑,推测出了一些与之相关的动物行为词汇,这让玛雅十分惊喜。

为了让克丘亚语能够以更生动的形式展现出来,玛雅利用大模型创作了一系列克丘亚语的故事、诗歌和歌曲。大模型根据克丘亚语的特点和收集到的文化元素,创作出充满奇幻色彩的故事。这些故事中融入了当地的传说和神话,使得克丘亚语变得鲜活。玛雅将这些作品分享给村里的孩子们,孩子们被故事中的情节深深吸引,对克丘亚语产生了浓厚的兴趣。

同时,大模型还帮助玛雅开发了一款语言学习应用程序。这款应用程序利用大模型的语音识别和生成技术,实现了克丘亚语的智能学习功能。孩子们可以通过与应用程序对话的方式学习克丘亚语,应用程序会根据他们的回答给予实时反馈和指导。大模型还能根据每个孩子的学习进度和特点,制订个性化的学习计划,大大提高了学习效率。

随着时间的推移,越来越多的孩子开始主动学习克丘亚语。村里的年轻人看到孩子们对这门古老语言的热爱,也受到了感染,纷纷重新拾起克丘亚语。圣何塞村又重新充满了克丘亚语的欢声笑语,这门濒危语言在大模型的帮助下,逐渐焕发生机。玛雅的努力和大模型的神奇力量,让克丘亚语得以传承,成为连接过去与未来、守护村庄独特文化的桥梁。

评价与考核

思政（素质）目标考核评价表			
时事问题讨论考核评价表			
姓名：　　所在小组：　　今日助教：　　日期：			
主题内容	对本次课前测试中的时事问题进行讨论，并交流自己的体会		
评价项目	评价要求	经验值	获得经验值
内容	讨论内容紧扣主题，见解独到深刻，积极向上，对其他同学有启发或触动作用	3	
态度	积极主动	2	
时事讲述考核评价表			
主题内容	对本次课程导入的时事案例进行讲述或演述，并列举相关案例		
评价项目	评价要求	经验值	获得经验值
语言表达	声音洪亮，口齿清晰，语速适当	1	
肢体表达	动作适当，举止自然得体	1	
拓展内容	案例适当，有较好的引申作用	2	
现场效果	具有较强的吸引力，效果良好	3	

小组汇报考核评价表					
大模型应用构建全攻略考核评价表					
评价项目	评价要求	经验值	教师评价（占 50%）	小组互评（占 50%）	获得经验值
理论知识	大模型基础知识	10			
技术能力	大模型搭建	15			
学习重点	聆思平台大模型	10			
姓名：　　所在小组：　　今日助教：　　日期：					

任务模拟测试题

一、单项选择题

1. 在聆思平台构建大模型应用时,若想调整模型回答的随机程度,应修改以下哪个参数?(　　)

A. tokens 最大值　　B. temperature　　C. top_k　　D. 流式返回

2. 在聆思平台创建应用时,选择的应用类型是(　　)。

A. 在线编程　　B. 在线编排　　C. 代码编写　　D. 模块组装

3. 在大模型应用的提示词模板中,用于标志用户输入内容的是(　　)。

A. {{input}}　　B. {{content}}　　C. [user_input]　　D. <content>

4. 在聆思平台大模型应用中,默认的回答 tokens 最大长度是(　　)。

A. 512　　B. 1 024　　C. 2 048　　D. 4 096

5. 在聆思平台部署大模型应用时,将应用部署在正式环境中应点击(　　)。

A. "测试部署"　　B. "分享"　　C. "部署生产"　　D. "上线"

二、多项选择题

1. 聆思平台在线编排界面包含以下哪些部分?(　　)

A. 节点栏　　B. 编排区　　C. 辅助栏　　D. 代码编辑区

2. 以下属于聆思平台大模型应用构建步骤的有(　　)。

A. 创建应用　　B. 选择在线编排类型并命名

C. 从节点栏拖出节点进行编排　　D. 部署应用并分享

3. 在聆思平台使用 CURL 请求大模型应用时,请求头中需要包含(　　)。

A. Content-Type　　B. Authorization　　C. User-Agent　　D. Accept

4. 若要删除聆思平台上的应用,需要进行的操作有(　　)。

A. 进入"应用设置"页面　　B. 点击"删除应用"

C. 输入应用名称　　D. 确认删除操作

5. 在聆思平台大模型应用中,可对以下哪些节点进行参数配置?(　　)

A. 对话入口节点　　B. 提示词节点　　C. 大模型对话节点　　D. 流程结束节点

三、简答题

1. 请简述在聆思平台构建一个简单大模型应用的流程。

2. 大模型应用中的提示词模板有什么作用?请举例说明如何设计一个有效的提示词模板。

3. 在使用聆思平台大模型应用时,若模型输出结果不符合预期,可能是哪些原因造成的?应如何解决?

项目八

AIGC 技术应用——数字人播报

学习目标

本项目视频资源

知识目标

1. 理解 AIGC 图像和视频生成的核心概念，精准区分文生图、图生图、文生视频、图生视频等多种生成类型。

2. 掌握生成对抗网络（GAN）、Transformer、扩散模型等关键技术原理，理解其在图像与视频生成过程中的工作机制、优势与局限。

3. 熟悉 AIGC 图像和视频生成领域主流模型的特点、创新点和应用场景。

4. 了解 AIGC 图像与视频生成技术在艺术创作、设计、影视娱乐、教育、广告营销等领域的具体应用模式和实际价值。

能力目标

1. 能够运用 AIGC 技术，根据多样化文本描述或参考图像生成高质量图像。

2. 能够独立完成 AIGC 视频生成任务，涵盖创意构思、素材准备，到运用工具进行视频剪辑、特效添加、数字人播报设置等环节，制作满足不同需求的视频作品。

3. 掌握各类 AIGC 图像和视频生成工具的高级功能，能根据实际项目需求灵活运用并解决操作过程中遇到的技术难题。

思政（素质）目标

1. 在使用 AIGC 图像和视频生成技术过程中，牢固树立正确的伦理道德观，严格遵守法律法规，杜绝生成侵权、虚假、有害内容。

2. 积极探索 AIGC 技术在不同领域的创新应用，激发创新精神，认识到技术发展对社会的影响，主动承担相应的社会责任。

任务准备

一、AIGC 图像与视频生成基础概念

1. AIGC 图像生成类型

（1）文生图：通过输入文本描述，AIGC 模型解析语义并生成对应图像。例如，输入“盛开的向日葵花海，阳光灿烂”，模型生成向日葵在阳光下绽放的图像。

（2）图生图：以现有图像为基础，根据用户需求对图像进行修改、拓展或风格转换。例如，上传一张风景照片，将其转换为卡通风格的图像。

（3）基于模型的图像生成：利用训练好的模型，如生成对抗网络、扩散模型等，在给定条件下生成全新图像，常用于艺术创作、设计等领域。

2. AIGC 视频生成类型

（1）文生视频：输入文字描述，AIGC 系统利用内部模型生成视频内容。例如，输入“宁静的夜晚，月光洒在湖面上，鱼儿不时跃出水面”，系统生成包含相应动态场景的视频。

（2）图生视频：以单张或多张图片为基础，分析图片元素、构图和风格，生成连贯视频。例如，输入静态的城市建筑图片，生成城市从白天到夜晚的动态变化视频。

（3）视频生视频：对已有视频进行处理，实现内容转换、风格迁移、修复或增强等操作。例如，将普通的自然风光视频转换为油画风格视频，或修复老旧模糊视频。

二、AIGC 图像与视频生成技术原理

1. 生成对抗网络

（1）图像生成原理：生成对抗网络由生成器和判别器组成。生成器接收随机噪声，生成图像；判别器判断图像是真实的还是生成的。两者通过对抗训练，使生成器生成的图像越来越逼真。在生成动漫角色图像时，生成器不断优化生成的角色外貌、服饰等，判别器则判断其真实性，最终生成高质量动漫角色图像。

（2）视频生成原理：在视频生成中，生成器生成视频帧序列，判别器判断视频帧的真实性。两者通过对抗训练，提升视频帧的质量和连贯性。在生成动作视频时，生成器生成人物动作帧，判别器监督训练，让动作更自然流畅。

2.Transformer

（1）图像生成原理：Transformer 基于自注意力机制，能捕捉图像不同位置元素的依赖关系。在生成复杂图像时，其能理解各元素间的关系，生成逻辑合理的图像。例如，生成包含多种动物和场景的图像时，Transformer 能处理好动物间的位置与互动关系。

（2）视频生成原理：在视频生成中，Transformer 的 Encoder 对输入信息进行编码，Decoder 利用编码信息和已生成帧，通过自注意力机制生成后续帧。例如，根据文本生成视频时，Encoder 处理文本，Decoder 生成连贯视频，确保视频内容与文本描述一致。

3. 扩散模型

（1）图像生成原理：在正向扩散过程中，向真实图像逐步添加噪声，直至其变为随机噪声；在反向扩散过程中，模型学习去除噪声，恢复图像。例如，生成风景图像时，模型从噪声开始，逐步构建山脉、河流、树木等元素，最终生成逼真的图像。

（2）视频生成原理：在正向扩散过程中，对视频帧添加噪声；在反向扩散过程中，模型去除噪声以生成视频。例如，生成动物奔跑视频时，模型从噪声开始，依次生成动物姿态、动作和周围环境变化的视频帧。

三、AIGC 图像与视频生成代表模型

1. 图像生成代表模型

（1）DALL-E 系列：由 OpenAI 开发，在文生图方面表现出色。其能理解复杂文本描述，生成高质量、多样化的图像。例如，输入“穿着宇航服在火星上弹吉他的熊猫”，可生成富有创意的图像。

（2）Midjourney：擅长生成艺术感强的图像，提供多种艺术风格选项。用户输入风格关键词，即可生成相应风格的高质量图像，在艺术创作领域应用广泛。

2. 视频生成代表模型

（1）清华 CogVideo：采用多帧率分层训练策略，提升文本描述与生成视频内容的匹配精度，生成内容准确性高。该模型基于预训练的文本生成图像模型进行微调，生成效率高，适合根据中文文本描述生成视频。

（2）谷歌 Phenaki：首个依据开放域时间变量提示生成可变长度视频的模型。其支持交互视频生成和“图像+文本”生成视频，在创意视频和广告视频制作领域应用广泛。

四、AIGC 图像与视频生成应用场景

1. 图像生成应用

（1）艺术创作：辅助艺术家进行数字艺术创作，如生成独特的绘画、插画，拓展艺术创作边界。

（2）设计领域：应用于平面设计、UI 设计、产品设计，能快速生成设计草图和概念图，显著提高设计效率，降低设计成本。

2. 视频生成应用

（1）影视娱乐：用于电影、电视剧、游戏制作，生成虚拟场景、角色动画和特效视频，提升视觉效果，降低制作成本。

（2）教育领域：制作教学视频，将抽象知识可视化（如生成物理实验、历史场景再现视频），帮助学生理解。

五、AIGC图像与视频生成工具使用

1. 图像生成工具

（1）豆包：用户通过详细描述画面、选择参考图、设置比例和风格等参数来生成图像。其支持生成后编辑，包括区域重绘、扩图、擦除等操作，以优化图像效果。

（2）Midjourney：用户输入文本描述，并选择风格、比例等相关参数即可生成图像。其可通过特定指令对生成图像进行变形、放大等操作。

2. 视频生成工具

（1）剪映：一款功能全面的视频编辑工具，支持手机和电脑端。其提供切割、变速、添加动画、转场、字幕、贴纸、滤镜、特效等丰富的视频剪辑功能，内置海量素材库和模板，支持直接调用或微调，帮助用户快速制作优质视频。

（2）腾讯数字人播报：作为腾讯智影平台的功能，支持创建数字人主播，让其播报指定文本内容。其提供多样化的数字人形象与丰富的动作表情库，使播报内容生动自然。

任务实施

任务一　让豆包生成自己想要的图片

用户除了通过对话获取信息外，还可以让豆包根据要求生成相应的图片。图像生成的对话窗口如图 8-1 所示。

图 8-1　图像生成的对话窗口

生成图像时，用户可描述想象画面（角色、情绪、场景风格等），提供参考图（支持上传），并设置图像比例与风格，如图 8-2 所示。

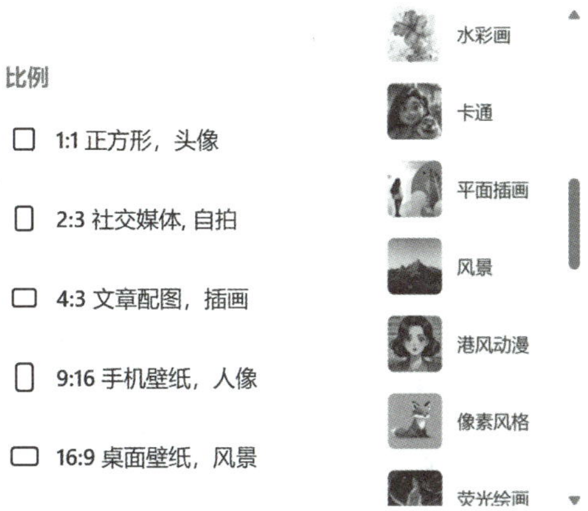

图 8-2　设置图像比例与风格

例如，输入指令“生成一只柯基犬在草地上快乐地奔跑的图片”，豆包将生成类似图 8-3 所示的图片。若结果不符预期，可通过细化描述来优化输出。本任务以该柯基犬奔跑图为原始图，进行后续编辑。

图 8-3　生成结果

观察生成图片可见，画面中柯基犬的面部是微笑的，呈奔跑姿态，在阳光的照耀下还有影子的细节，甚至包括远景树影，整体细节逼真且主体突出。若对生成结果不满意，可通过追加指令微调，直至生成理想的图片。

在生成的图片中选择一张自己喜欢的图，可利用下方功能（如继续编辑、区域重绘、扩图、擦除、下载原图）进行深度处理，如图 8-4 所示。如需转换为动漫风格，可点击“继续编辑”并输入“生成动漫图”即可，生成结果如图 8-5 所示。此时人工智能默认描述文本为：“一只快乐的柯基犬在晴朗的蓝天下的绿草地上奔跑，以动漫风格描绘，色彩鲜艳，特征夸张。”

图 8-4　生成结果（深度处理）

图 8-5　生成结果（动漫图）

为增添趣味性，用户还可以在原始图上继续编辑，执行以下操作。

（1）添加眼镜：在指令框中输入“给小狗戴眼镜”，生成结果如图 8-6 所示。

（2）添加衣服：在图 8-6 的基础上输入“给小狗穿上可爱的衣服”，生成结果如图 8-7 所示。

图 8-6　生成结果（添加眼镜）

图 8-7　生成结果（添加衣服）

（3）更换背景：输入“背景换为海边”指令，如图 8-8 所示，即可实现背景替换（类似抠图）。操作时，聊天框会显示人工智能对图片的描述，例如：“一只快乐的小狗，有着蓬松的白色和棕色的毛皮，在一个有树木的背景下的绿草地上奔跑，天空是晴朗的蓝色……”。

图 8-8 更换背景

如果将图片发送至聊天框，豆包可自动识别并描述图像所呈现的内容，如图 8-9 所示。

图 8-9 描述内容

生成的文字描述内容下方还有提示性的问题，比如“将描述的文字扩充到 200 字”，生成更详细的文本。

（4）区域重绘：用户可使用鼠标涂抹需修改的图像区域，如图 8-10 所示，输入框弹出后键入重绘内容描述并确认，即可生成修改后的图像，如图 8-11 所示。

图 8-10 使用鼠标涂抹需修改的区域

图 8-11 区域重绘效果图

（5）扩图：用户可在原来尺寸的基础上调整图片的比例，如 1∶1、4∶3、16∶9、9∶16，选择尺寸后生成对应图像，如图 8-12 所示。

（6）擦除（AI 抠图）：该功能可精准分离主体（如人物与柯基）。操作时，选中的蓝色部分表示要删除的内容，用橡皮擦涂抹图 8-13 中左下角的小朋友，即可以将其移除，如图 8-14 所示。

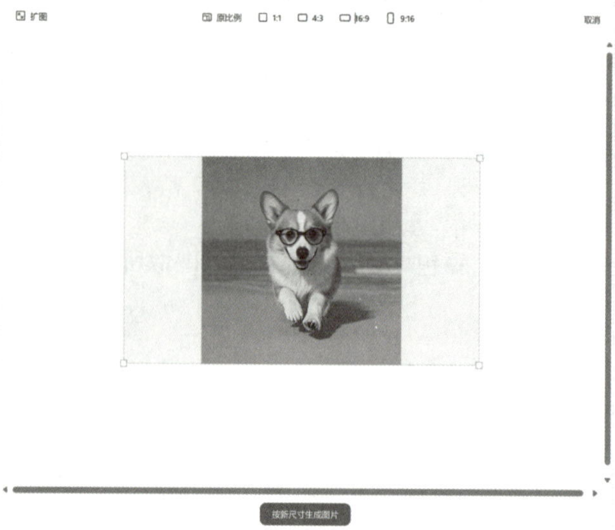

图 8-12　扩图体验

图 8-13　生成结果

图 8-14　生成结果

任务二　用智谱清言进行 AI 绘画

智谱清言 ChatGLM 作为一款基于 AI 的对话模型，具备创建智能体、AI 绘画、长文档解读、数据分析、高级联网等功能，能够满足日常工作和学习需求。

第 1 步，登录智谱清言官方网站（https://chatglm.cn/main/alltoolsdetail），如图 8-15 所示。

第 2 步：根据需求选择相应功能。

（1）创建智能体：构建专属智能助手，操作流程如图 8-16~图 8-19 所示。

（2）ChatGLM（文本大模型）：智能问答、图文交互、智能体创建。ChatGLM 根据提问提供解答，如图 8-20~图 8-21 所示。

（3）AI 画图：能够根据用户的文字描述智能生成图片，同时通过提问可以获得依据充分、内容丰富的解答，如图 8-22 所示。

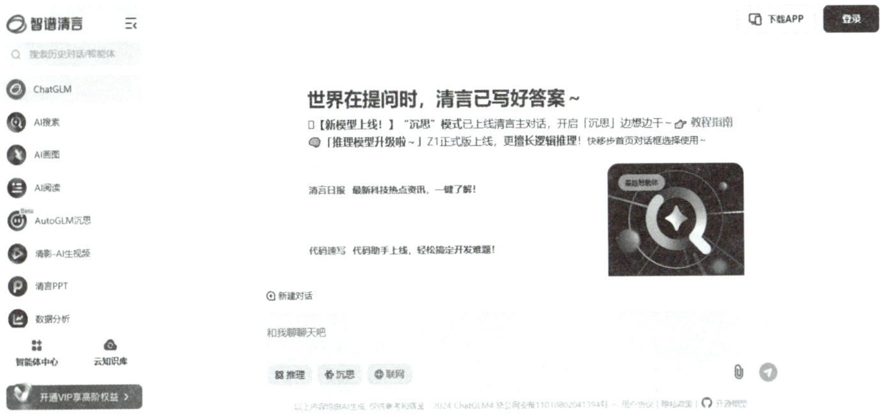

图 8-15　智谱清言界面

图 8-16　创建智能体

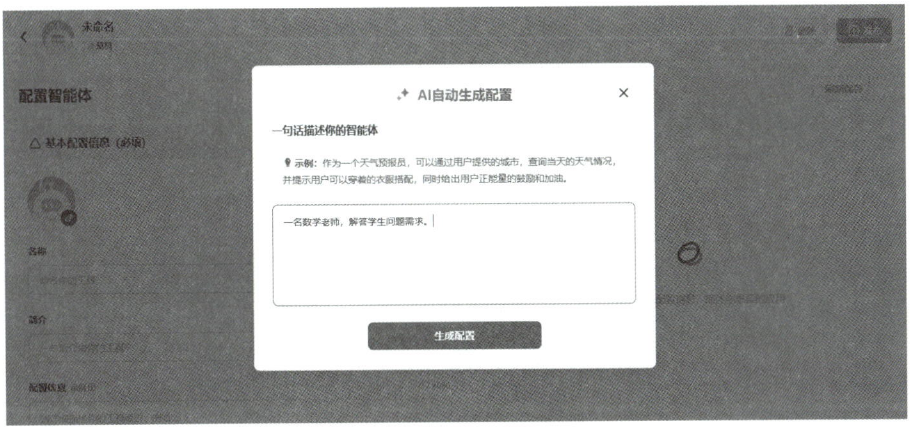

图 8-17　输入描述内容

图 8-18 调试与预览

图 8-19 创建成功

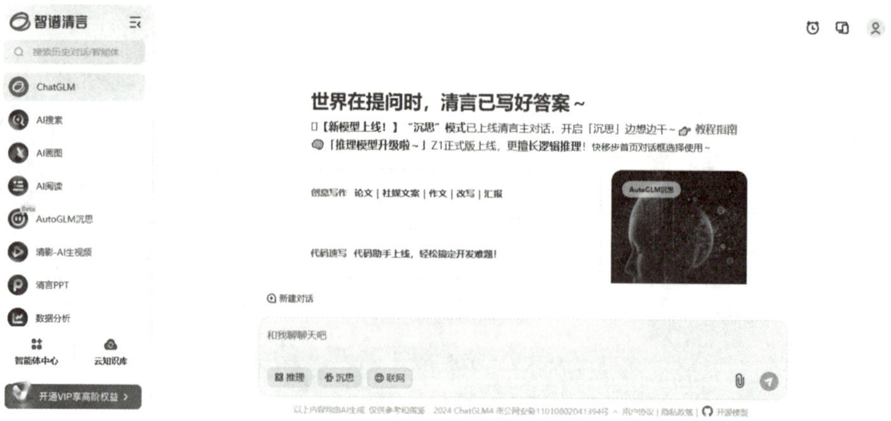

图 8-20 选择“ChatGLM”

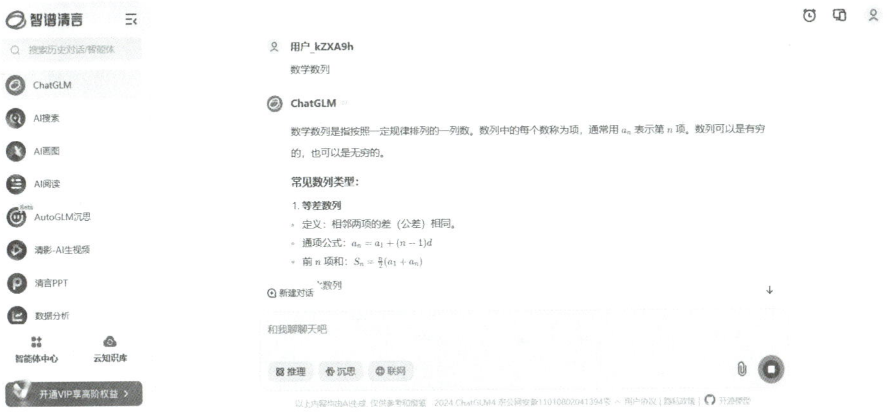

图 8-21　提供解答

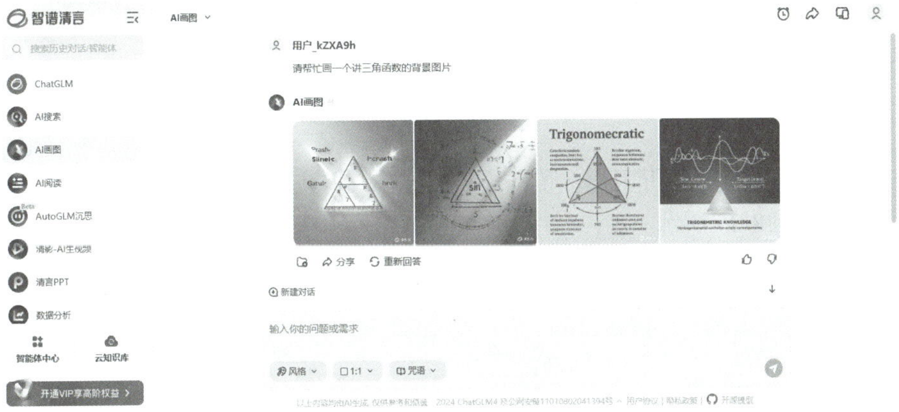

图 8-22　AI 画图

（4）长文档解读：可以针对上传的文档（如 PDF）进行问题解答，实现智能化文档处理，如图 8-23 和图 8-24 所示。

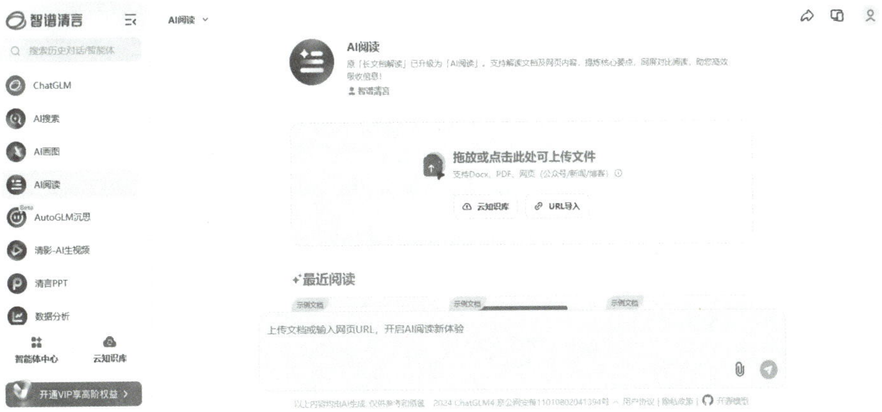

图 8-23　上传文件

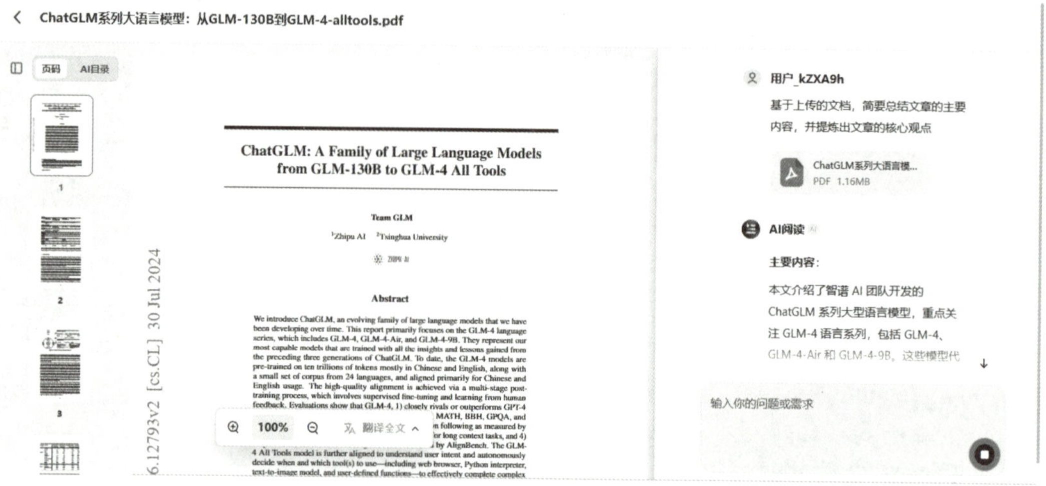

图 8-24　智能解读

（5）数据分析：通过分析用户上传的文件（如 Excel）或数据说明，提供图表化分析或文件处理支持，如图 8-25 所示。

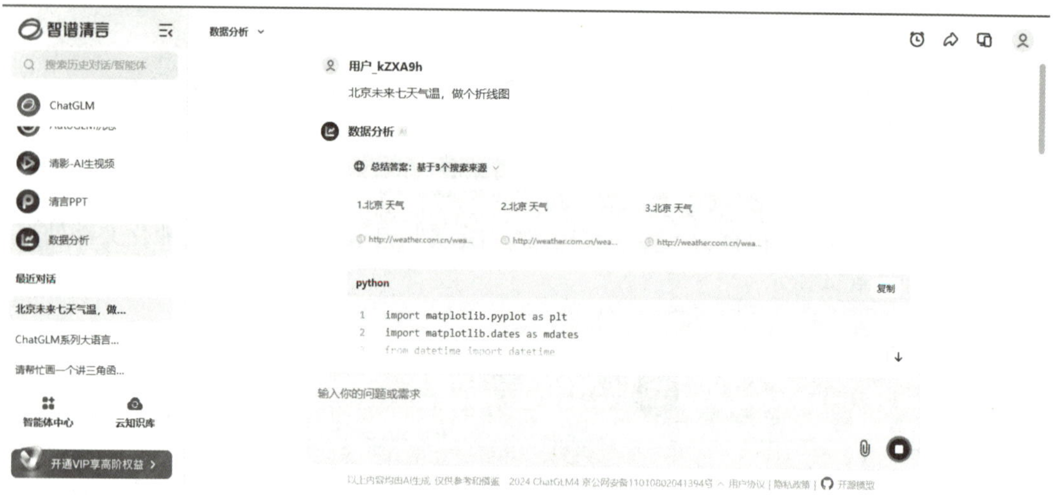

图 8-25　数据分析

（6）高级联网：具备深度联网查询、网页阅读、智能分析与链接索引功能，能快速响应需求并总结信息，如图 8-26 所示。

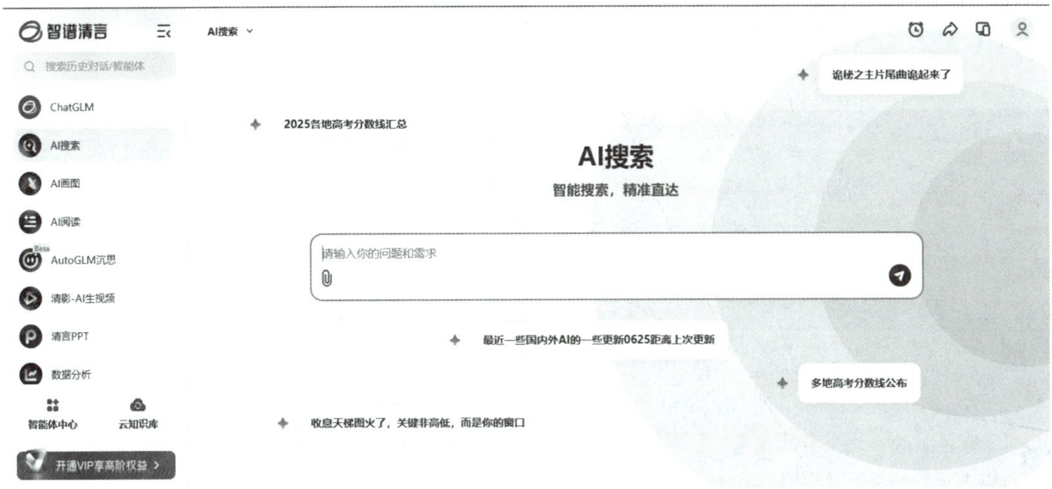

图 8-26　高级联网

智谱清言的优势如下。

（1）个性化教学：能够回答各种类型的问题，覆盖众多领域。这意味着无论学生提出什么问题，智谱清言都能及时、准确地回答。教师可以根据智谱清言的反馈，因材施教。

（2）创意写作支持：具备创意写作功能，如标题生成、广告文案创作等。教师可以利用这一功能为学生提供灵感和框架，帮助学生快速构思和创作，提升写作效率和质量。

（3）编程辅助教学：支持多种编程语言，并具备代码补全与调试能力。教师可以将智谱清言作为辅助教学工具，帮助学生解决编程问题，提高编程效率。

（4）逻辑推理与论证能力培养：具备强大的逻辑推理和论证能力。教师可以通过与智谱清言对话，引导学生学习如何处理复杂的逻辑问题，培养其逻辑思维和批判性思维能力。

（5）多模态支持丰富教学手段：支持上传文件、语音聊天、即时搜索、图片理解等功能。教师可以利用这些功能，为学生提供更加直观、生动的教学内容，如通过图片或视频展示知识点，提高学生的学习兴趣和积极性。

（6）多轮对话促进师生互动：具备自然、流畅的多轮对话能力。教师可以通过与智谱清言对话，了解学情并调整教学策略。

（7）跨语言教学能力：支持中英双语对话模型。教师可以利用智谱清言进行跨语言教学，满足不同语言背景学生的需求，促进国际交流与合作。

智谱清言的劣势：在某些复杂或特定的语境下，可能无法准确理解用户的意图或表达的含义，导致回答不够准确或产生误解。

任务三　用剪映编辑视频

剪映是一款支持手机和电脑端的全功能视频编辑工具，提供切割、变速、动画、转场、字幕、贴纸、滤镜、特效等剪辑功能。用户可轻松剪辑合成视频、图片及音频素材，制作优质视频内容。其丰富的素材库与模板支持直接调用或微调，能显著提升视频制作效率与质量。

第 1 步：登录剪映官方网站（https://www.capcut.cn/）下载软件，如图 8-27 所示。

图 8-27　剪映官网界面

第 2 步：安装软件并开始制作视频，操作界面如图 8-28 所示。

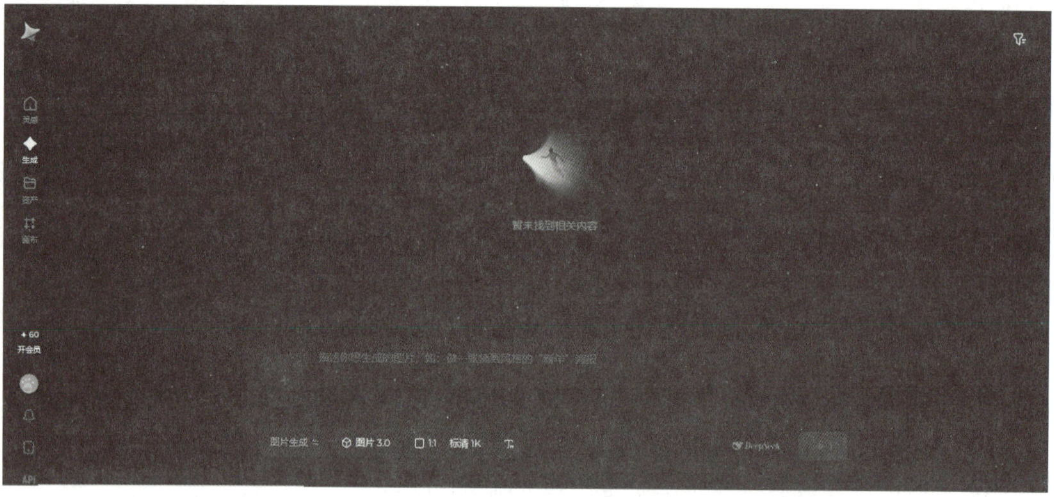

图 8-28　视频制作（运用 AI）

剪映的主要优势如下。

（1）简单易用：操作界面简单、直观，即使是没有视频编辑经验的新手也可以轻松上手。剪映供多个预设模板和场景，用户仅需选择模板并添加照片或视频，即可快速生成成品。

（2）丰富的功能：提供丰富的视频编辑功能，如剪辑、裁剪、旋转、加速、减速、分割、合并视频等，支持多种动画效果和过渡效果，让视频更加生动有趣。（AI 功能可以优化文案、定制音色）

（3）海量素材：内置海量背景音乐、特效、字幕等资源，用户可以根据需要添加，方便快捷，显著提升视频的表现力与质量。

（4）高清输出：支持高清格式导出，保障分享至社交媒体或本地保存的视频画质。

（5）跨平台使用：支持在手机、平板和电脑等多个平台上使用，满足全场景编辑需求。

（6）社区互动：拥有活跃的社区，用户可以在社区中分享作品、交流技巧、获取灵感等，促进视频编辑技能提升。

剪映的劣势：对于较长视频，导出速度可能较慢，影响使用效率，尤其在需要快速处理的场景下。

任务四　腾讯数字人播报（免费）

腾讯数字人播报是腾讯智影平台的核心功能，支持用户创建数字人主播并驱动其播报指定文本。数字人提供多样形象风格（写实、卡通等），并支持丰富的动作与表情，显著提升了播报生动性。

第 1 步：登录腾讯智影（官网：https://zenvideo.qq.com/），选择“数字人播报”功能，如图 8-29 所示。

图 8-29　数字人播报界面

第 2 步：制作个性化播报视频，如图 8-30 所示。

数字人播报的优势：无须真人出镜或拍摄，上传照片即可生成个人播报视频。

数字人播报的劣势：虽然数字人可模拟声音与动作，但作为非真实人物，其情感表达与人性化互动存在局限。

图 8-30　制作个性化播报视频

人工智能故事

梦想的画卷

林悦是一位怀揣着艺术梦想的年轻插画师，她一直渴望用画笔描绘出心中的奇幻绚丽世界。但传统的绘画常使她在构思和细节处理上花费大量时间，灵感也时常在漫长的绘制过程中渐渐消逝，这让她感到十分苦恼。

一次偶然的机会，林悦接触到 AIGC 图像生成技术。她尝试使用豆包辅助创作，输入“神秘的森林，树木闪烁着奇异的光芒，精灵在花丛中飞舞”，豆包很快就生成了一幅精美的图片。图片中，闪烁光芒的树木营造出神秘的氛围，可爱的精灵姿态各异，让林悦眼前一亮。虽然这和她心中所想还有些差距，但却给了她极大的启发。

林悦不断调整描述，提供参考图，经过多次微调，终于得到了一幅令她满意的作品。这幅作品在社交媒体上发布后，获得了众多网友的点赞和关注，这让林悦看到了 AIGC 的潜力。

后来，她发现了智谱清言的 AI 画图功能。在创作一幅关于未来城市的插画时，她详细描述了城市中高耸入云的建筑、飞驰的悬浮汽车、绚丽的灯光等元素。智谱清言生成的图片不仅展现出了她描述的场景，还在一些细节上给了她新的灵感。

林悦以 AIGC 生成的图片为基础，结合自己的绘画技巧进行再创作。她在图片上添加独特的纹理，调整色彩，让画面更具层次感和艺术感。借助 AIGC 技术，林悦的创作效率大幅提高，作品风格也更加多元化。她不再受限于传统绘画的束缚，能够将更多天马行空的构想转化为现实。在 AIGC 的助力下，林悦在插画领域逐渐崭露头角，并成功举办个人画展，实现了艺术梦想，也让更多人看到了人工智能与艺术结合的无限可能。

评价与考核

<table>
<tr><th colspan="4">思政(素质)目标考核评价表</th></tr>
<tr><td colspan="4">时事问题讨论考核评价表</td></tr>
<tr><td colspan="4">姓名：　　　所在小组：　　　今日助教：　　　日期：</td></tr>
<tr><td>主题内容</td><td colspan="3">对本次课前测试中的时事问题进行讨论，并交流自己的体会</td></tr>
<tr><td>评价项目</td><td>评价要求</td><td>经验值</td><td>获得经验值</td></tr>
<tr><td>内容</td><td>讨论内容紧扣主题，见解独到深刻，积极向上，对其他同学有启发或触动作用</td><td>3</td><td></td></tr>
<tr><td>态度</td><td>积极主动</td><td>2</td><td></td></tr>
<tr><td colspan="4">时事讲述考核评价表</td></tr>
<tr><td>主题内容</td><td colspan="3">对本次课程导入的时事案例进行讲述或演述，并列举相关案例</td></tr>
<tr><td>评价项目</td><td>评价要求</td><td>经验值</td><td>获得经验值</td></tr>
<tr><td>语言表达</td><td>声音洪亮，口齿清晰，语速适当</td><td>1</td><td></td></tr>
<tr><td>肢体表达</td><td>动作适当，举止自然得体</td><td>1</td><td></td></tr>
<tr><td>拓展内容</td><td>案例适当，有较好的引申作用</td><td>2</td><td></td></tr>
<tr><td>现场效果</td><td>具有较强的吸引力，效果良好</td><td>3</td><td></td></tr>
</table>

<table>
<tr><th colspan="6">小组汇报考核评价表</th></tr>
<tr><td colspan="6">AIGC 技术应用考核评价表</td></tr>
<tr><td>评价项目</td><td>评价要求</td><td>经验值</td><td>教师评价（占 50%）</td><td>小组互评（占 50%）</td><td>获得经验值</td></tr>
<tr><td>理论知识</td><td>AIGC 生成图片相关知识</td><td>10</td><td></td><td></td><td></td></tr>
<tr><td>技术能力</td><td>图片生成大模型</td><td>15</td><td></td><td></td><td></td></tr>
<tr><td>学习重点</td><td>生成图片</td><td>10</td><td></td><td></td><td></td></tr>
<tr><td colspan="6">姓名：　　　所在小组：　　　今日助教：　　　日期：</td></tr>
</table>

任务模拟测试题

一、单项选择题

1. 在豆包图像生成功能中，若想改变生成图片的背景，应选择以下哪种操作？（　　）

A. 区域重绘　　B. 继续编辑　　C. 扩图　　D. 擦除

2. 智谱清言中，哪个功能可根据文字描述生成图片？（　　）

A. 创建智能体　　B. ChatGLM　　C. AI 画图　　D. 长文档解读

3. 在使用豆包的图像生成功能时，如果想生成一张适合作为手机壁纸的图片，应该选择以下哪个尺寸比例？（　　）

A. 1∶1　　B. 2∶3　　C. 9∶16　　D. 16∶9

4. 智谱清言官方网站的网址是（　　）。

A. https://www.doubao.com/chat/　　B. https://kimi.moonshot.cn/

C. https://chatglm.cn/main/alltoolsdetail　　D. https://xinghuo.xfyun.cn/

5. 以下哪个不是豆包图像生成可以设置的参数？（　　）

A. 参考图　　B. 图像风格　　C. 图片清晰度　　D. 生成图像的比例

6. 关于智谱清言的优势，下列说法错误的是（　　）。

A. 能进行跨语言教学　　B. 不支持创意写作

C. 可辅助编程教学　　D. 能促进师生互动

7. 用豆包生成图片后，若对图片部分区域不满意，想重新绘制，应使用（　　）。

A. 继续编辑　　B. 区域重绘　　C. 扩图　　D. 擦除

8. 使用智谱清言的 AI 画图功能时，首先（　　）。

A. 描述要画的图片内容　　B. 选择功能

C. 确认生成　　D. 下载图片

9. 在豆包图像生成中，擦除选项里的 AI 抠图主要用于（　　）。

A. 删除图片背景　　B. 把图片中的主体抠出来

C. 调整图片颜色　　D. 改变图片尺寸

10. 智谱清言在某些复杂语境下可能存在的问题是（　　）。

A. 功能太少　　B. 无法联网

C. 理解用户意图不准确　　D. 不能生成图片

二、多项选择题

1. 以下属于豆包图像生成功能的有（　　）。

A. 根据描述生成图片　　B. 对生成图片进行区域重绘

C. 改变生成图片的风格　　D. 扩图

2. 智谱清言具备的功能有（　　）。

A. 创建智能体　　B. 数据分析　　C. 高级联网　　D. 图像生成

3. 在使用豆包生成图片时，可通过哪些方式使生成的图片更符合需求？（　　）

A. 提供参考图　　B. 详细描述画面内容

C. 多次微调　　　　D. 改变图片比例

4. 智谱清言在教学方面的优势包括(　　)。

A. 个性化教学　　　　B. 多模态支持丰富教学手段

C. 培养学生逻辑推理能力　　　　D. 提高学生编程效率

5. 关于豆包图像生成的编辑功能,说法正确的有(　　)。

A. 继续编辑可改变图片风格　　　　B. 区域重绘能对局部进行修改

C. 扩图可改变图片尺寸　　　　D. 擦除可删除图片部分内容

三、简答题

1. 简述使用豆包生成一张“海边日落时分,一只猫咪在沙滩上玩耍”图片的操作流程,以及若对生成图片的猫咪表情不满意,如何进一步调整。

2. 请说明智谱清言的 AI 画图功能的使用步骤,并分析其在艺术创作和教育教学方面可能存在的优势与不足。

项目实训 1

圈围晒盐的图像智能识别和辅助诊断

一、项目分析

1. 任务说明

基于飞桨平台图像分类技术将检测到的信息实时传输给小程序，有效替代传统人工巡检方式。相机每隔 30 分钟拍照上传图像数据至系统，系统自动分析盐田状态并判断盐田所需的操作类型。

2. 设计方案

项目采用分层架构设计，确保系统的可扩展性与稳定性，具体分为以下四层。

（1）感知层：部署高清摄像头于盐田关键点位，按固定间隔（30 分钟）采集盐田图像，通过 4G/5G 网络实时传输至云端服务器。摄像头需具备防水、防尘、抗强光等特性，可适应沿海高湿度、强紫外线环境。

（2）数据层：构建盐田状态专属数据库，存储原始图像数据、预处理后特征数据及模型训练日志；采用分布式存储方案满足海量图像数据存储需求，并通过数据加密技术（如 AES-256）保障数据安全。

（3）算法层：基于飞桨平台构建图像分类模型，包含数据预处理、特征提取、状态分类等模块；引入迁移学习优化训练流程，基于公开图像数据集预训练模型参数，使用盐田专属数据微调模型，提升模型对卤水高度、结晶程度等特征的敏感度。

（4）应用层：开发盐田管理小程序，为管理员提供实时状态监控、操作建议推送（加水/搂盐/捞盐）、产量预估等功能。界面设计遵循可视化原则，通过图表展示盐田状态变化趋势，支持历史数据查询与导出。

二、知识准备

1. 自然背景

我国沿海地区分布着很多盐场，这些盐场通过圈围海水或高盐度井水的方式，利用太阳光自然蒸发水分，使盐分逐渐结晶析出。

目前，这种圈围式晒盐仍采取较为传统的人工巡视方式，需要大量人力资源投入且效率较低。在盐田状态监测领域，人工智能技术的应用尚属空白，市场上缺乏相应的智能化产品和服务。盐场实景图如图 1-1 所示。

图 1-1　盐场实景图

本项目为每个盐田编号，并利用图像识别技术实时观测盐田中卤水的水量和结晶程度，精确分析数据并将数据反馈给管理人员。通过设备可实时观测盐田中卤水的高度、水量和盐的结晶程度，结合数据分析，系统能够智能判断何时需要加水、搂盐或捞盐归坨，同时预估盐产量并评估盐品质量，显著提升了晒盐效率。

基于图像识别技术，系统可对大范围盐田的品质和产量进行初步评估。采用智能化管理后，单个管理员可负责更多盐田，大幅降低了人工成本，提高了管理效率，且操作便捷可靠。

目前，我国沿海地区仍普遍采用人工巡视的方式管理盐田，不仅费时费力，还需雇用大量工人。通常情况下，每十个盐田就需要配备一名工人，负责检测卤水浓度、水量及结晶情况。由于沿海盐田分布广泛，人工管理成本高昂。本产品的智能化管理模式可有效解决这一问题，实现降本增效。搂盐、收盐如图 1-2 所示。

2. 项目总技术路线

项目总技术路线如图 1-3 所示。

（1）在采集数据阶段，基于飞桨平台创建数据集，对盐田不同阶段、不同光照环境下的状态进行大量拍照取证；采用智能去重算法保留具有代表性的样本，同时针对极端天气等特殊工况建立了专门的子数据集；测试多种主流图像分类模型，通过严格的交叉验证对比各模型在实际应用中的表现，最终筛选出识别准确率最优的模型架构。

图 1-2　搂盐、收盐

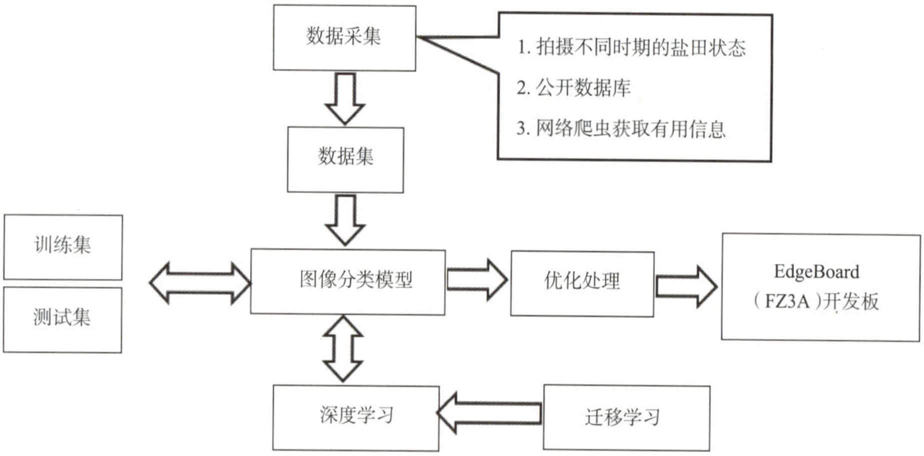

图 1-3　项目总技术路线

（2）对选定模型进行优化算法处理，对梯度下降使用方式、参数更新方式、步长等进行设置。训练过程中，系统实时记录并可视化训练集和验证集的准确率曲线，通过分析两者的收敛情况及时调整模型结构。在后期数据不断更新中也可以对计算机进行训练与测试，最终训练完成的模型经过量化压缩后，可高效部署至边缘计算设备运行。

（3）数据处理：针对项目初期数据不足的挑战，创新性地采用迁移学习技术。首先利用 ImageNet 等大型公开数据集进行模型预训练，获得通用的图像特征提取能力；然后使用专业采集的盐田数据对模型顶层进行微调。在数据处理环节，我们建立了标准化的预处理流程，包括图像归一化、数据增强等技术。通过对 AlexNet、VGG、ResNet 等经典网络架构的系统性对比实验，结合飞桨平台的自动化超参数搜索功能，最终确定了最适合盐田状态识别的深度学习模型。这一方案不仅有效克服了数据稀缺的困难，还显著提升了模型的泛化能力和识别精度。

三、项目实例源码及代码解析

1. 数据集简介

1）初始阶段自行采集盐田不同状态的数据

初始阶段，通过自行采集的方式获取初始数据，并将数据整理后存入数据集。收集数据如图 1-4 所示。

图 1-4　收集数据

2）清洗、标注数据集

数据清洗是数据预处理的核心环节，旨在将原始数据转化为规范化、高质量的数据集。我们系统性地执行以下处理流程：检查数据结构与目标变量格式，剔除全缺失变量和低方差特征，对高唯一值比例变量实施二值化转换，合并冗余类别并清除重复样本，同时运用统计方法处理异常值与缺失数据。在计算机视觉任务中，分类任务重点确保图像与标签准确对应，检测与分割任务则采用 Labelimg 和 Labelme 等专业工具进行精细标注。

为提升模型泛化能力，我们实施多层次数据增强策略：单样本层面采用几何变换（旋转、裁剪）和色彩调整（亮度、对比度），多样本层面则运用先进的合成算法。所有增强操作均通过预设规则自动执行，在保持数据语义的前提下有效扩充样本多样性。

3）解压并查看数据集

```
#解压上传到 AI Studio 的压缩包
!ls /home/aistudio/data
import os
import zipfile
os.chdir('/home/aistudio/data/data100510')
extracting = zipfile.ZipFile('salt pan.zip')
extracting.extractall()
```

```
data100510
#!/usr/bin/env python
# coding: utf-8
#对数据集生成固定格式的列表,格式为:图片的路径 <Tab> 图片类别的标签
import json
import os

def create_data_list(data_root_path):
    with open(data_root_path + "test.list", 'w') as f:
        pass
    with open(data_root_path + "train.list", 'w') as f:
        pass
    # 所有类别的信息
    class_detail = [ ]
    # 获取所有类别
    class_dirs = os.listdir(data_root_path)
    # 类别标签
    class_label = 0
    # 获取总类别的名称
    father_paths = data_root_path.split('/')
    while True:
        if father_paths[len(father_paths) - 1] == '':
            del father_paths[len(father_paths) - 1]
        else:
            break
    father_path = father_paths[len(father_paths) - 1]

    all_class_images = 0
    other_file = 0
    # 读取每个类别
    for class_dir in class_dirs:
        if class_dir == 'test.list' or class_dir == "train.list" or class_dir == 'readme.json':
            other_file += 1
            continue
        print('正在读取类别:%s' % class_dir)
        # 每个类别的信息
        class_detail_list = {}
        test_sum = 0
        trainer_sum = 0
        # 统计每个类别有多少张图片
        class_sum = 0
        # 获取类别路径
        path = data_root_path + "/" + class_dir
        # 获取所有图片
```

```
        img_paths = os.listdir(path)
        for img_path in img_paths:
            # 每张图片的路径
            name_path = class_dir + '/' + img_path
            # 如果不存在这个文件夹就创建
            if not os.path.exists(data_root_path):
                os.makedirs(data_root_path)
            # 划分训练集和测试集,各个类别中每隔十张选取一张作为测试集,并将数据集生成固定格式列表。
            if class_sum % 10 == 0:
                test_sum += 1
                with open(data_root_path + "test.list", 'a') as f:
                    f.write(name_path + "\t%d" % class_label + "\n")
            else:
                trainer_sum += 1
                with open(data_root_path + "train.list", 'a') as f:
                    f.write(name_path + "\t%d" % class_label + "\n")
            class_sum += 1
            all_class_images += 1
        # 说明的 json 文件的 class_detail 数据
        class_detail_list['class_name'] = class_dir
        class_detail_list['class_label'] = class_label
        class_detail_list['class_test_images'] = test_sum
        class_detail_list['class_trainer_images'] = trainer_sum
        class_detail.append(class_detail_list)
        class_label += 1
    # 获取类别数量
    all_class_sum = len(class_dirs) - other_file
    # 说明的 json 文件信息
    readjson = {}
    readjson['all_class_name'] = father_path
    readjson['all_class_sum'] = all_class_sum
    readjson['all_class_images'] = all_class_images
    readjson['class_detail'] = class_detail
    jsons = json.dumps(readjson, sort_keys=True, indent=4, separators=(',', ': '))
    with open(data_root_path + "readme.json", 'w') as f:
        f.write(jsons)
    print('图像列表已生成')
#生成图像的列表
if __name__ == '__main__':
    # 把生产的数据列表都放在自己的总类别文件夹中
    data_root_path = "salt pan/"
    create_data_list(data_root_path)
正在读取类别:Salt5_level13
```

```
正在读取类别:Salt5_level14
正在读取类别:Salt3_level12
正在读取类别:Salt7_level16
正在读取类别:Salt5_level11
正在读取类别:Salt4_level14
正在读取类别:Salt5_level12
正在读取类别:Salt4_level12
正在读取类别:Salt5_level15
正在读取类别:Salt5_level16
正在读取类别:Salt7_level12
图像列表已生成
```

2. 构建模型架构

本项目创新性地构建了国内首个涵盖盐田全生产周期的状态数据集,并计划与相关版权方就数据集的开源细节进行深入协商,待达成一致后将面向科研机构和行业用户开放共享。模型架构如图 1-5 所示。

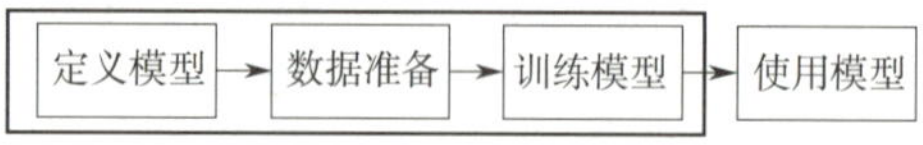

图 1-5　模型架构

1)模型组网

```
#架构模型时需要用到的组件。
#包括 BN 层、常规卷积层、xavier 初始化方法
#以及改进后的 inception 结构(salt-inception)和深度可分离卷积结构
import paddle.fluid as fluid
import numpy as np
import time
import math
import paddle
import paddle.fluid as fluid
import codecs
import logging
from paddle.fluid.initializer import MSRA
from paddle.fluid.initializer import Uniform
from paddle.fluid.param_attr import ParamAttr
from PIL import Image
from PIL import ImageEnhance
import os
import random
from multiprocessing import cpu_count
import numpy as np
import paddle
from PIL import Image
```

```
#BN 层
def conv_bn_layer(input, filter_size, num_filters, stride,
                  padding, channels=None, num_groups=1, act='relu', use_cudnn=True):
    conv = fluid.layers.conv2 d(input=input,
                               num_filters=num_filters,
                               filter_size=filter_size,
                               stride=stride,
                               padding=padding,
                               groups=num_groups,
                               act=None,
                               use_cudnn=use_cudnn,
                               bias_attr=False)

    return fluid.layers.batch_norm(input=conv, act=act)


#常规卷积层
def conv_layer(
        input,
        num_filters,
        filter_size,
        stride=1,
        groups=1,
        act=None,
        name=None):
    channels = input.shape[1]
    stdv = (3.0 / (filter_size**2 * channels))**0.5
    param_attr = ParamAttr(
        initializer=fluid.initializer.Uniform(-stdv, stdv),
        name=name + "_weights")
    conv = fluid.layers.conv2 d(
        input=input,
        num_filters=num_filters,
        filter_size=filter_size,
        stride=stride,
        padding=(filter_size - 1) // 2,
        groups=groups,
        act=act,
        param_attr=param_attr,
        bias_attr=False,
        name=name)
```

```
    return conv


def xavier(self, channels, filter_size, name):
    stdv = (3.0 / (filter_size**2 * channels))**0.5
    param_attr = ParamAttr(
        initializer=fluid.initializer.Uniform(-stdv, stdv),
        name=name + "_weights")

    return param_attr


#改进后的 inception 结构( salt-inception )
def inception(
          input,
          channels,
          filter1,
          filter3R,
          filter3,
          filter5R,
          filter5,
          filter7R,
          filter7,
          proj,
          name=None):
    conv1 = conv_layer(
        input=input,
        num_filters=filter1,
        filter_size=1,
        stride=1,
        act=None,
        name="inception_" + name + "_1x1")

    #由一个 1*1 卷积层和一个 3*3 卷积层组成 salt-inception 的支路
    conv3r = conv_layer(
        input=input,
        num_filters=filter3R,
        filter_size=1,
        stride=1,
        act=None,
        name="inception_" + name + "_3x3_reduce")
    conv3 = conv_layer(
        input=conv3r,
        num_filters=filter3,
```

```
            filter_size=3,
            stride=1,
            act=None,
            name="inception_" + name + "_3x3")

    #由一个 1*1 卷积层和 2 个 3*3 卷积层组成 salt-inception 的支路,由 2 个 3*3 卷积层代替 5*5 卷积层
    conv5r = conv_layer(
            input=input,
            num_filters=filter5R,
            filter_size=1,
            stride=1,
            act=None,
            name="inception_" + name + "_5x5_reduce")
    conv5 = conv_layer(
            input=conv5r,
            num_filters=filter5R,
            filter_size=3,
            stride=1,
            act=None,
            name="inception_" + name + "_5x5")
    conv5 = conv_layer(
            input=conv5,
            num_filters=filter5,
            filter_size=3,
            stride=1,
            act=None,
            name="inception_" + name + "_5x5_2")

    #由一个 1*1 卷积层和 3 个 3*3 卷积层组成 salt-inception 的支路,由 3 个 3*3 卷积层代替 7*7 卷积层
    conv7r = conv_layer(
            input=input,
            num_filters=filter7R,
            filter_size=1,
            stride=1,
            act=None,
            name="inception_" + name + "_7x7_reduce")
    conv7 = conv_layer(
            input=conv7r,
            num_filters=filter7R,
            filter_size=3,
            stride=1,
            act=None,
```

```
        name="inception_" + name + "_7x7")
    conv7 = conv_layer(
        input=conv7,
        num_filters=filter7R,
        filter_size=3,
        stride=1,
        act=None,
        name="inception_" + name + "_7x7_2")
    conv7 = conv_layer(
        input=conv7,
        num_filters=filter7,
        filter_size=3,
        stride=1,
        act=None,
        name="inception_" + name + "_7x7_3")

    pool = fluid.layers.pool2 d(
        input=input,
        pool_size=3,
        pool_stride=1,
        pool_padding=1,
        pool_type='max')
    convprj = fluid.layers.conv2 d(
        input=pool,
        filter_size=1,
        num_filters=proj,
        stride=1,
        padding=0,
        name="inception_" + name + "_3x3_proj",
        param_attr=ParamAttr(
            name="inception_" + name + "_3x3_proj_weights"),
        bias_attr=False)
    cat = fluid.layers.concat(input=[conv1, conv3, conv5, conv7, convprj], axis=1)
    cat = fluid.layers.relu(cat)
    return cat


#深度可分离卷积
def depthwise_separable(input, num_filters1, num_filters2, num_groups, stride, scale):
    depthwise_conv = conv_bn_layer(input=input,
                                   filter_size=3,
                                   num_filters=int(num_filters1 * scale),
                                   stride=stride,
                                   padding=1,
```

```
                                    num_groups=int(num_groups * scale),
                                    use_cudnn=False)

    pointwise_conv = conv_bn_layer(input=depthwise_conv,
                                    filter_size=1,
                                    num_filters=int(num_filters2 * scale),
                                    stride=1,
                                    padding=0)
    return pointwise_conv
```

2)模型网络结构

```
#salt-ConvNet 卷积神经网络的结构
def net(input, class_dim, scale=1.0):
    # 224x224
    input = conv_bn_layer(input=input,
                          filter_size=3,
                          channels=3,
                          num_filters=int(32 * scale),
                          stride=2,
                          padding=1)

    # 112x112
    input = depthwise_separable(input=input,
                                num_filters1=32,
                                num_filters2=64,
                                num_groups=32,
                                stride=1,
                                scale=scale)

    input = depthwise_separable(input=input,
                                num_filters1=64,
                                num_filters2=128,
                                num_groups=64,
                                stride=2,
                                scale=scale)

    # 56x56
    input = depthwise_separable(input=input,
                                num_filters1=128,
```

```
                                       num_filters2=128,
                                       num_groups=128,
                                       stride=1,
                                       scale=scale)

    input = depthwise_separable(input=input,
                                       num_filters1=128,
                                       num_filters2=256,
                                       num_groups=128,
                                       stride=2,
                                       scale=scale)

    # 28x28
    input = depthwise_separable(input=input,
                                       num_filters1=256,
                                       num_filters2=256,
                                       num_groups=256,
                                       stride=1,
                                       scale=scale)

    input = depthwise_separable(input=input,
                                       num_filters1=256,
                                       num_filters2=512,
                                       num_groups=256,
                                       stride=2,
                                       scale=scale)

    # 14x14
    input = inception(input, 480, 192, 96, 208, 16, 24, 16, 24,64, "input")
    input1 = inception(input, 512, 160, 112, 224, 24, 32, 24, 32, 64, "input1")
    input1 = paddle.fluid.layers.concat(input=[input,input1], axis=1)
    input2 = inception(input1, 512, 128, 128, 256,   24, 32, 24, 32, 64, "input2")
    input2 = paddle.fluid.layers.concat(input=[input,input1,input2], axis=1)
    input3 = inception(input2, 512, 128, 128, 256,   24, 32, 24, 32, 64, "input3")
    input3 = paddle.fluid.layers.concat(input=[input,input1,input2,input3], axis=1)


    input = depthwise_separable(input=input3,
                                       num_filters1=512,
                                       num_filters2=1024,
                                       num_groups=512,
                                       stride=2,
                                       scale=scale)
```

```
    # 7x7
    input = depthwise_separable(input=input,
                                num_filters1=1024,
                                num_filters2=1024,
                                num_groups=1024,
                                stride=1,
                                scale=scale)

    feature = fluid.layers.pool2 d(input=input,
                                  pool_size=0,
                                  pool_stride=1,
                                  pool_type='avg',
                                  global_pooling=True)

    net = fluid.layers.fc(input=feature,
                          size=class_dim,
                          act='softmax')
    return net
# 训练图片的预处理
import random
from PIL import Image
def train_mapper(sample):
    img_path, label, crop_size, resize_size = sample
    img = Image.open(img_path)
    # 统一图片大小
    img = img.resize((resize_size, resize_size), Image.ANTIALIAS)
    # 随机水平翻转
    r1 = random.random()
    if r1 > 0.5:
        img = img.transpose(Image.FLIP_LEFT_RIGHT)
    # 随机垂直翻转
    r2 = random.random()
    if r2 > 0.5:
        img = img.transpose(Image.FLIP_TOP_BOTTOM)
    # 随机角度翻转
    r3 = random.randint(-3, 3)
    img = img.rotate(r3, expand=False)
    # 随机裁剪
    r4 = random.randint(0, int(resize_size - crop_size))
    r5 = random.randint(0, int(resize_size - crop_size))
    box = (r4, r5, r4 + crop_size, r5 + crop_size)
    img = img.crop(box)
    # 把图片转换成 numpy 值
    img = np.array(img).astype(np.float32)
```

```
        # 转换成 CHW
        img = img.transpose((2, 0, 1))
        # 转换成 BGR
        img = img[(2, 1, 0), :, :] / 255.0
        return img, int(label)



# 获取训练的 reader
def train_r(train_list_path, crop_size, resize_size):
        father_path = os.path.dirname(train_list_path)

        def reader():
                with open(train_list_path, 'r') as f:
                        lines = f.readlines()
                        # 打乱图像列表
                        np.random.shuffle(lines)
                        # 开始获取每张图像和标签
                        for line in lines:
                                img, label = line.split('\t')
                                img = os.path.join(father_path, img)
                                yield img, label, crop_size, resize_size

        return paddle.reader.xmap_readers(train_mapper, reader, cpu_count(), 102 400)


# 测试图片的预处理
def test_mapper(sample):
        img, label, crop_size = sample
        img = Image.open(img)
        # 统一图像大小
        img = img.resize((crop_size, crop_size), Image.ANTIALIAS)
        # 转换成 numpy 值
        img = np.array(img).astype(np.float32)
        # 转换成 CHW
        img = img.transpose((2, 0, 1))
        # 转换成 BGR
        img = img[(2, 1, 0), :, :] / 255.0
        return img, int(label)


# 测试的图片 reader
def test_r(test_list_path, crop_size):
        father_path = os.path.dirname(test_list_path)
```

```
    def reader():
        with open(test_list_path, 'r') as f:
            lines = f.readlines()
            for line in lines:
                img, label = line.split('\t')
                img = os.path.join(father_path, img)
                yield img, label, crop_size

    return paddle.reader.xmap_readers(test_mapper, reader, cpu_count(), 1024)
```

3)模型训练

```
#进行模型的训练
import os
import shutil
import paddle as paddle
import paddle.fluid as fluid
from multiprocessing import cpu_count
import numpy as np
import os

crop_size = 224
resize_size = 250
# 获取划分好的训练集和数据集,注意传入的.list 文件的路径是否正确
try:
    os.chdir('/home/aistudio/data/data100510')
except:
    pass
train_reader = paddle.batch(reader=train_r('salt pan/train.list', crop_size, resize_size), batch_size=32)
test_reader = paddle.batch(reader=test_r('salt pan/test.list', crop_size), batch_size=32)


# 定义网络
def vgg_test_net(image, type_size):
    def conv_block(ipt, num_filter, groups, dropouts):
        return fluid.nets.img_conv_group(
            input=ipt, # 具有[N,C,H,W]格式的输入图像
            pool_size=2,
            pool_stride=2,
            conv_num_filter=[num_filter] * groups, # 过滤器个数
            conv_filter_size=3, # 过滤器大小
            conv_act='relu',
            conv_with_batchnorm=True, # 表示在 Conv2 d Layer 之后是否使用 BatchNorm
```

```
                  conv_batchnorm_drop_rate=dropouts,# 表示 BatchNorm 之后的 Dropout Layer 的丢弃概率
                  pool_type='max') # 最大池化

    conv1 = conv_block(image, 64, 2, [0.0, 0])
    conv2 = conv_block(conv1, 128, 2, [0.0, 0])
    conv3 = conv_block(conv2, 256, 3, [0.0, 0.0, 0])
    conv4 = conv_block(conv3, 512, 3, [0.0, 0.0, 0])
    conv5 = conv_block(conv4, 512, 3, [0.0, 0.0, 0])

    drop = fluid.layers.dropout(x=conv2, dropout_prob=0.5)
    fc1 = fluid.layers.fc(input=drop, size=512, act=None)

    bn = fluid.layers.batch_norm(input=fc1, act='relu')
    drop2 = fluid.layers.dropout(x=bn, dropout_prob=0.0)
    fc2 = fluid.layers.fc(input=drop2, size=512, act=None)
    # predict = fluid.layers.fc(input=fc1, size=type_size, act='softmax')
    predict = fluid.layers.fc(input=fc1, size=type_size)
    return predict


# 定义输入层
paddle.enable_static()
image = fluid.layers.data(name='image', shape=[3, crop_size, crop_size], dtype='float32')
label = fluid.layers.data(name='label', shape=[1], dtype='int64')


# 调用构建好的网络模型 salt-ConvNet,并对 11 种盐田进行分类
predict = net(image, 11)#疑似出错!!!!!!!!!!

# 获取损失函数(交叉熵函数)和准确率函数
cost = fluid.layers.cross_entropy(input=predict, label=label)
avg_cost = fluid.layers.mean(cost)
acc = fluid.layers.accuracy(input=predict, label=label)

# 获取训练和测试程序
test_program = fluid.default_main_program().clone(for_test=True)

# 定义优化方法为 Adam
optimizer = fluid.optimizer.AdamOptimizer(learning_rate=1e-3,
                                          regularization=fluid.regularizer.L2DecayRegulariz-
er(1e-4))
opts = optimizer.minimize(avg_cost)
```

```
# 定义一个使用 GPU 的执行器
place = fluid.CUDAPlace(0)
# place = fluid.CPUPlace()
exe = fluid.Executor(place)
# 进行参数初始化
exe.run(fluid.default_startup_program())

# 定义输入数据维度
feeder = fluid.DataFeeder(place=place, feed_list=[image, label])
```

4）对模型进行优化训练并导出模型

```
# 训练 30 轮
for pass_id in range(30):
    # 进行训练
    for batch_id, data in enumerate(train_reader()):
        train_cost, train_acc = exe.run(program=fluid.default_main_program(),
                                        feed=feeder.feed(data),
                                        fetch_list=[avg_cost, acc])

        # 每 100 个 batch 打印一次信息
        if batch_id % 10 == 0:
            print('Pass:%d, Batch:%d, Cost:%0.5f, Accuracy:%0.5f' %
                  (pass_id, batch_id, train_cost[0], train_acc[0]))

    # 进行测试
    test_accs = [ ]
    test_costs = [ ]
    for batch_id, data in enumerate(test_reader()):
        test_cost, test_acc = exe.run(program=test_program,
                                      feed=feeder.feed(data),
                                      fetch_list=[avg_cost, acc])
        test_accs.append(test_acc[0])
        test_costs.append(test_cost[0])
    # 求测试结果的平均值
    test_cost = (sum(test_costs) / len(test_costs))
    test_acc = (sum(test_accs) / len(test_accs))
    print('Test:%d, Cost:%0.5f, Accuracy:%0.5f' % (pass_id, test_cost, test_acc))

    # 保存预测模型
    save_path = 'infer_model/'
    # 删除旧的模型文件
    shutil.rmtree(save_path, ignore_errors=True)
    # 创建并保存模型文件目录
```

```
        os.makedirs(save_path)
        # 保存预测模型
        fluid.io.save_inference_model(save_path, feeded_var_names=[image.name], target_vars=[predict], exec-
utor=exe)
Pass:0, Batch:0, Cost:2.469 18, Accuracy:0.156 25

import cv2
from PIL import Image
import random
# data = cv2.imread("/home/aistudio/data/data100510/salt pan/Salt5_level16/8 (38).jpg")
img = Image.open("/home/aistudio/data/data100510/salt pan/Salt5_level16/8 (38).jpg")
print(img)
# 统一图片大小
img = img.resize((resize_size, resize_size), Image.ANTIALIAS)
# 随机水平翻转
r1 = random.random( )
if r1 > 0.5:
    img = img.transpose(Image.FLIP_LEFT_RIGHT)
# 随机垂直翻转
r2 = random.random( )
if r2 > 0.5:
    img = img.transpose(Image.FLIP_TOP_BOTTOM)
# 随机角度翻转
r3 = random.randint(-3, 3)
img = img.rotate(r3, expand=False)
# 随机裁剪
r4 = random.randint(0, int(resize_size - crop_size))
r5 = random.randint(0, int(resize_size - crop_size))
box = (r4, r5, r4 + crop_size, r5 + crop_size)
img = img.crop(box)
# 把图片转换成 numpy 值
img = np.array(img).astype(np.float32)
        # 转换成 CHW
img = img.transpose((2, 0, 1))
        # 转换成 BGR
img = img[(2, 1, 0), :, :] / 255.0
print(img)
<PIL.JpegImagePlugin.JpegImageFile image mode=RGB size=3648x2736 at 0x7FEF31325510>
[[[0.643 137 3   0.564 705 9   0.549 019 63 ... 0.749 019 6   0.741 176 5   0.752 941 2 ]
  [0.607 843 16 0.556 862 8   0.619 607 87 ... 0.749 019 6   0.729 411 8   0.745 098 05]
  [0.588 235 3   0.619 607 87 0.635 294 14 ... 0.741 176 5   0.725 490 2   0.752 941 2 ]
  ...
  [0.682 352 96 0.690 196 1   0.682 352 96 ... 0.749 019 6   0.729 411 8   0.709 803 94]
  [0.678 431 4   0.682 352 96 0.682 352 96 ... 0.764 705 9   0.752 941 2   0.733 333 35]
```

```
  [0.         0.         0.         ... 0.768 627 46 0.760 784 3   0.745 098 05]]

 [[0.705 882 4   0.627 451    0.611 764 7   ... 0.709 803 94 0.705 882 4   0.713 725 5 ]
  [0.670 588 25 0.619 607 87 0.682 352 96 ... 0.705 882 4   0.698 039 23 0.713 725 5 ]
  [0.650 980 4   0.682 352 96 0.698 039 23 ... 0.701 960 8   0.694 117 67 0.725 490 2 ]
  ...
  [0.709 803 94 0.713 725 5   0.705 882 4   ... 0.705 882 4   0.686 274 5   0.666 666 7 ]
  [0.705 882 4   0.709 803 94 0.705 882 4   ... 0.721 568 64 0.709 803 94 0.690 196 1 ]
  [0.         0.         0.         ... 0.729 411 8   0.717 647 1   0.701 960 8 ]]

 [[0.772 549 03 0.694 117 67 0.678 431 4   ... 0.713 725 5   0.713 725 5   0.717 647 1 ]
  [0.737 254 9   0.686 274 5   0.749 019 6   ... 0.713 725 5   0.701 960 8   0.717 647 1 ]
  [0.717 647 1   0.749 019 6   0.764 705 9   ... 0.705 882 4   0.701 960 8   0.733 333 35]
  ...
  [0.752 941 2   0.756 862 76 0.749 019 6   ... 0.713 725 5   0.694 117 67 0.674 509 8 ]
  [0.749 019 6   0.752 941 2   0.749 019 6   ... 0.729 411 8   0.717 647 1   0.698 039 23]
  [0.         0.         0.         ... 0.737 254 9   0.725 490 2   0.709 803 94]]]
```

5）模型预测

```
加载好训练的模型，对某一特定输入的盐田图片进行测试
import paddle.fluid as fluid
from PIL import Image
import numpy as np

# 创建执行器
place = fluid.CPUPlace()
exe = fluid.Executor(place)
exe.run(fluid.default_startup_program())

# 保存预测模型路径
save_path = 'infer_model/'
# 从模型中获取预测程序、输入数据名称列表、分类器
[infer_program, feeded_var_names, target_var] = fluid.io.load_inference_model(dirname=save_path, executor=exe)

# 预处理图片
def load_image(file):
    img = Image.open(file)
    # 统一图像大小
    img = img.resize((224, 224), Image.ANTIALIAS)
    # 转换成 numpy 值
    img = np.array(img).astype(np.float32)
    # 转换成 CHW
```

```
    img = img.transpose((2, 0, 1))
    # 转换成 BGR
    img = img[(2, 1, 0), :, :] / 255.0
    img = np.expand_dims(img, axis=0)
    return img

# 获取图片数据，可以更改 imgpath 的值，实现对不同的图片进行预测
imgpath = "/home/aistudio/salt3_level12.jpg"
img = load_image(imgpath)

# 执行预测
result = exe.run(program=infer_program,
                 feed={feeded_var_names[0]: img},
                 fetch_list=target_var)

# 显示图片并输出结果最大的 label
lab = np.argsort(result)[0][0][-1]

names = ['Salt3_level12', 'Salt4_level12', 'Salt4_level14','Salt5_level11', 'Salt5_level12','Salt5_level13','Salt5_
level14',
'Salt5_level15','Salt5_level16','Salt7_level12','Salt7_level16']

print('图片路径为：%s,  预测结果标签为：%d，预测结果为：%s，概率为：%f' % (imgpath, lab, names[lab],
result[0][0][lab]))
图片路径为：/home/aistudio/salt3_level12.jpg,  预测结果标签为：10，预测结果为：Salt7_level16，概率为：
0.861 619
```

四、总结与思考

1. 项目总结

我国拥有得天独厚的海盐生产条件：辽阔的海域、高盐度海水、绵长的海岸线、平坦的滩涂及充足的光照，这些优势造就了优质的海盐产品。作为世界第一大海盐生产国，我国年产量达 2 000 万吨，但仍无法满足市场需求。随着烧碱、纯碱等基础化工原料产能持续扩大，海盐年需求缺口预计将达 1 000 万吨，这为晒盐技术创新提供了广阔的市场空间。

本项目依托飞桨平台开发的核心图像识别模块，具有显著的成本优势和技术特点：实验经费大幅降低，便于推广应用；系统模块精简，可快速批量部署；操作界面友好，能智能判定搂盐、捞盐时机。该系统有效替代人工巡检，不仅大幅降低了人力成本，更能精准控制晒盐过程，实现资源利用最大化。

2. 项目思考

（1）如何进一步提升模型在不同光照和天气条件下的识别准确率？

（2）边缘计算设备的部署成本与云端推理的性价比如何平衡？

（3）除图像识别外，还有哪些物联网数据可用于补充优化晒盐生产阶段的判断？

项目实训 2

图像分类 ResNet——眼疾识别

一、项目分析

1. 任务说明

近视已经成为一项困扰人们健康的重大负担，在近视人群中，有超过 35%的患者患有高度近视。近视会导致眼睛光轴拉长，并可能引发视网膜或脉络膜病变。随着近视度数不断加深，高度近视可能诱发病理性病变，进而导致视网膜退化、视盘区域萎缩、漆裂纹样损害及 Fuchs 斑等多种严重症状。因此，对近视患者眼部病变的早期发现和及时治疗具有极其重要的临床意义。

传统人工阅片方式高度依赖专业医生的经验判断，不仅效率较低，还容易受到主观因素影响而产生诊断偏差。本项目基于计算机视觉技术，利用 ResNet 模型构建眼疾识别系统，旨在实现病理性近视的自动化筛查，提升诊断效率与准确性。项目的核心目标为掌握 ResNet 模型在医疗图像分类中的应用流程，以及基于 iChallenge-PM 数据集实现病理性近视与非病理性近视的二分类，使验证集准确率达 95% 以上。

本项目采用的数据集来源于百度大脑与中山大学中山眼科中心联合发布的 iChallenge-PM 公开数据集，共包含 1 200 张高分辨率眼底视网膜图像（分辨率为 2 056 × 2 124 像素）。该数据集按照 400 : 400 : 400 的比例划分为训练集、验证集和测试集。数据标注采用二分类标准：正样本为病理性近视（文件名以“P”开头，标签为 1），负样本包含非病理性近视（文件名以“H”开头的高度近视）和正常眼睛（文件名以“N”开头），均标注为 0。由于图像中病变特征较为细微，需要通过专业的图像预处理技术来增强关键区域特征，为后续模型训练提供高质量的数据基础。

本项目采用 ResNet50 深度神经网络作为核心算法架构，充分利用其残差连接结构有效解决深层网络训练中的梯度消失问题，实现眼底图像多层次特征的深度提取。在数据处理环节，使用 OpenCV 将图像尺寸规范化为 224 × 224 像素，并进行像素值归一化处理（将数值范围调整至[-1,1]区间）以满足模型输入要求。模型训练阶段采用交叉熵作为损失函数，配置学习率为 0.001 的随机梯度下降（SGD）优化器进行参数更新，并设置批量大小为 10 以平衡训练效率和内存消耗。整个系统基于飞桨深度学习框架开发，实现了高效的数据批量读取和实时预测功能，为临床诊断提供了可靠的技术支持。

本项目具有显著的临床应用价值：可减少人工阅片成本，适用于大规模眼疾筛查，提升医疗效率；ResNet 模型架构与预处理流程具备可迁移性，可拓展至糖尿病视网膜病变检测等其他医疗图像分类任务；为眼科疾病的计算机辅助诊断提供技术原型，助力医学影像智能化研究。

本项目的实施过程涵盖数据准备、预处理、模型构建、训练、评估与预测等环节。具体步骤为：下载解压数据集并划分训练集与验证集，将标签文件转换为 CSV 格式；通过调整图像尺寸、归一化及编写数据读取器完成预处理；调用飞桨高层 API 加载 ResNet50，定义损失函数与优化器；迭代训练 5 个轮次（epoch），记录损失值与验证集准确率并保存最优模型；使用验证集评估模型性能，计算准确率与损失值；对单张测试图像进行预测并结合可视化技术展示结果，为眼疾识别提供完整的技术实现路径。

2. 设计方案

基本的计算机视觉任务研发全流程如图 2-1 所示。

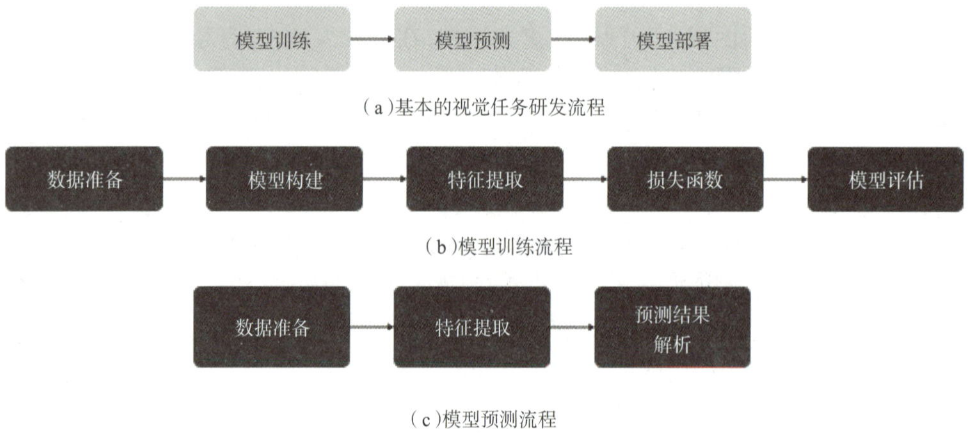

图 2-1 基本的计算机视觉任务研发全流程

基本的计算机视觉任务研发全流程包含模型训练、模型预测和模型部署三个步骤。每个步骤又包含特定的流程。

（1）数据准备：根据网络接收的数据格式，完成相应的预处理和批量数据读取器操作，保证模型能正常训练。

（2）模型构建：设计卷积网络结构。

（3）特征提取：使用构建的模型提取数据的特征信息。

（4）损失函数：计算模型的预测值和真实值，通常损失函数越小，模型性能越好。

（5）模型评估：在模型训练中或训练结束后对模型进行评估测试，观察其准确率。

（6）模型预测：使用训练好的模型进行测试，同时需要准备数据和提取模型特征，最后对结果进行解析。

二、知识准备

1. 计算机视觉与图像分类基础

计算机视觉作为人工智能的关键分支，主要研究如何让计算机理解和处理图像信息。图像分类作为计算机视觉的基础性任务，旨在将输入图像自动划分到预定义的类别中。其核心流程包括数据准备、特征提取、模型训练和模型评估。在医疗健康领域，图像分类可用于眼疾识别，通过分析眼底视网膜图像判断是否存在病理性近视等眼部病变，为临床早期筛查和精准诊断提供支持。

2. ResNet 模型架构解析

ResNet（深度残差网络）是计算机视觉领域广泛应用的经典模型，其核心设计在于残差块结构。残差块通过引入跳跃连接，让网络可以直接学习输入与输出之间的残差信息，有效解决了深层神经网络训练时的梯度消失问题，使得构建更深层次的神经网络成为可能。以 ResNet50 为例，其包含 50 层网络结构，通过多层卷积层的堆叠，逐步提取图像中从简单边缘到复杂语义的多层次特征，适用于中等规模的图像分类任务，如本项目中的眼疾识别。

3. 医疗图像数据特点与预处理

医疗图像数据（如眼底视网膜图像）具有以下特点：一是分辨率较高，本项目中的原始图像尺寸为 2 056 × 2 124 像素，在模型输入前需进行智能降采样或区域裁剪等尺寸适配处理；二是这类数据的标注工作高度依赖眼科医生的专业判断，获取成本较高；三是可能存在数据集类别不均衡问题，如病理性近视样本数量少于非病理性样本。

针对这些特点，预处理流程需执行以下关键操作。

（1）调整图像大小：使用 OpenCV 等工具将图像统一缩放至 224 × 224 像素，减少计算量并适配模型输入尺寸。

（2）通道转换：将图像数据格式从“高 × 宽 × 通道”转换为“通道 × 高 × 宽”，符合深度学习框架的输入要求。

（3）归一化：将像素值范围从 [0, 255] 调整到 [-1, 1]，使数据分布更适合模型训练，加速收敛过程。

4. 损失函数与优化器

（1）损失函数：本项目采用交叉熵损失函数衡量模型预测结果与真实标签的差异。在二分类任务中，交叉熵损失函数能有效反映预测概率与真实类别的接近程度，引导模型优化预测结果。

（2）优化器：使用随机梯度下降（SGD）作为优化器，通过迭代更新模型参数，使损失函数值逐步降低。通过设置合适的学习率和动量参数（本项目中学习率为 0.001），可以控制参数更新的步长和方向，提升模型训练效率。

三、项目实例源码及代码解析

1. 数据处理

1）数据集介绍

iChallenge-PM 是由百度大脑与中山大学中山眼科中心联合发布的专业医疗数据集，源自病理性近视（Pathologic Myopia，PM）诊断竞赛，包含 1 200 例受试者的眼底视网膜图像，按 400∶400∶400 的比例均匀地划分为训练集、验证集和测试集。该数据集按临床诊断标准分为两类。

（1）病理性近视（PM）：文件名以“P”开头。

（2）非病理性近视（non-PM）。

①高度近视（High Myopia）：文件名以“H”开头。

②正常眼睛（Normal）：文件名以“N”开头。

有监督图像分类任务的数据包含图片和对应的类别标签（如猫、狗等），我们将病理性患者的图片作为正样本，标签为 1；非病理性患者的图片作为负样本，标签为 0。iChallenge-PM 数据集示例如图 2-2 所示。

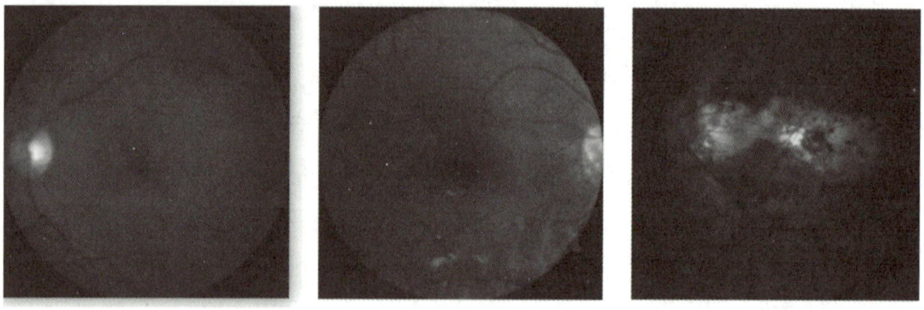

（a）正常眼睛　（b）高度近视　（c）病理性近视

图 2-2　iChallenge-PM 数据集示例

2）数据集下载

AIStudio 项目包含 iChallenge-PM 数据集，位于/home/aistudio/data/data19065 目录，包括以下三个文件。

（1）training.zip：训练中的图片和标签。

（2）validation.zip：验证集的图片。

（3）valid_gt.zip：验证集的标签。

通过以下命令解压数据集（执行一次即可），解压缩后存放在/home/aistudio/work/palm 目录下。

注意：valid_gt.zip 文件解压缩之后，需要将“/home/aistudio/work/palm/PALM-Validation-GT/”目录下的“PM_Label_and_Fovea_Location.xlsx”文件转存成.csv 格式，本代码示例中的文件已经提前转换为.csv 格式。

```
# 如果已经解压过，不需要运行此段代码，否则由于文件已经存在，解压时会报错
!unzip -o -q -d /home/aistudio/work/palm /home/aistudio/data/data19065/training.zip
```

```
%cd /home/aistudio/work/palm/PALM-Training400/
!unzip -o -q PALM-Training400.zip
!unzip -o -q -d /home/aistudio/work/palm /home/aistudio/data/data19065/validation.zip
!unzip -o -q -d /home/aistudio/work/palm /home/aistudio/data/data19065/valid_gt.zip
#返回家目录,生成模型文件位于/home/aistudio/
%cd /home/aistudio/
/home/aistudio/work/palm/PALM-Training400
/home/aistudio
```

从数据集中选取两张图片,并将图片显示出来,代码如下所示。

```
import os
import numpy as np
import matplotlib.pyplot as plt
%matplotlib inline
from PIL import Image

DATADIR = '/home/aistudio/work/palm/PALM-Training400/PALM-Training400'
# 文件名以"N"开头的是正常眼底图片,以"P"开头的是病变眼底图片
file1 = 'N0012.jpg'
file2 = 'P0095.jpg'

# 读取图片
img1 = Image.open(os.path.join(DATADIR, file1))
img1 = np.array(img1)
img2 = Image.open(os.path.join(DATADIR, file2))
img2 = np.array(img2)

# 画出读取的图片
plt.figure(figsize=(16, 8))
f = plt.subplot(121)
f.set_title('Normal', fontsize=20)
plt.imshow(img1)
f = plt.subplot(122)
f.set_title('PM', fontsize=20)
plt.imshow(img2)
plt.show( )
```

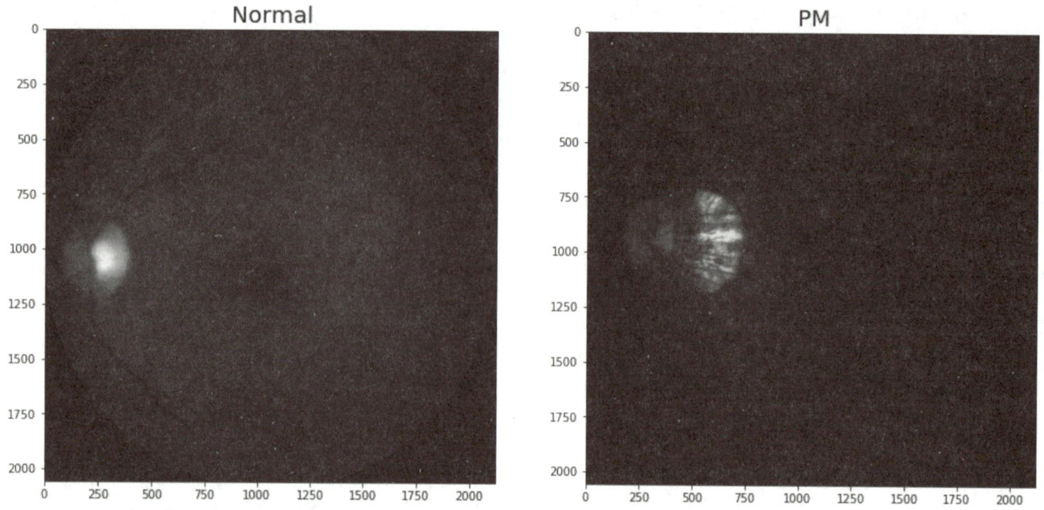


```
<Figure size 1152x576 with 2 Axes>
# 查看图片形状
img1.shape, img2.shape
((2056, 2124, 3), (2056, 2124, 3))
```

3)数据预处理

图像分类网络对输入图片的格式、大小有一定的要求,需要对数据进行预处理操作,使其满足网络训练以及预测的需要。本项目主要应用了如下方法。

(1)调整图片大小:将每张图都缩放到 224×224 像素。

(2)归一化:将像素值调整到[-1,1]之间。

代码如下所示。

```
import cv2
import numpy as np

# 对读入的图像数据进行预处理
def transform_img(img):
    # 将图片尺寸缩放到 224x224
    img = cv2.resize(img, (224, 224))
    # 读入的图像数据格式是[H, W, C]
    # 使用转置操作将其变成[C, H, W]
    img = np.transpose(img, (2,0,1))
    img = img.astype('float32')
    # 将数据范围调整到[-1.0, 1.0]之间
    img = img / 255.
    img = img * 2.0 - 1.0
    return img
```

4）定义数据读取器

上面的代码仅展示了读取图片和预处理的方法，但在模型训练与评估过程中，通常会采用批量数据读取和预处理的方式。

```
import cv2
import random
import numpy as np
import os

# 定义训练集数据读取器
def data_loader(datadir, batch_size=10, mode = 'train'):
    # 将 datadir 目录下的文件列出来，每条文件都要读入
    filenames = os.listdir(datadir)
    def reader( ):
        if mode == 'train':
            # 训练时随机打乱数据顺序
            random.shuffle(filenames)
        batch_imgs = [ ]
        batch_labels = [ ]
        for name in filenames:
            filepath = os.path.join(datadir, name)
            img = cv2.imread(filepath)
            img = transform_img(img)
            if name[0] == 'H' or name[0] == 'N':
                # "H"开头的文件名表示高度近视，"N"开头的文件名表示正常视力
                # 高度近视和正常视力的样本，都不是病理性的，属于负样本，标签为 0
                label = 0
            elif name[0] == 'P':
                # "P"开头的是病理性近视，属于正样本，标签为 1
                label = 1
            else:
                raise('Not excepted file name')
            # 每读取一个样本的数据，就将其放入数据列表中
            batch_imgs.append(img)
            batch_labels.append(label)
            if len(batch_imgs) == batch_size:
                # 当数据列表的长度等于 batch_size 的时候，
                # 把这些数据当作一个 mini-batch，并作为数据生成器的一个输出
                imgs_array = np.array(batch_imgs).astype('float32')
                labels_array = np.array(batch_labels).reshape(-1, 1)
                yield imgs_array, labels_array
                batch_imgs = [ ]
                batch_labels = [ ]
```

```
            if len(batch_imgs) > 0:
                # 剩余样本数目不足一个 batch_size 的数据，一起打包成一个 mini-batch
                imgs_array = np.array(batch_imgs).astype('float32')
                labels_array = np.array(batch_labels).reshape(-1, 1)
                yield imgs_array, labels_array

    return reader

# 定义验证集数据读取器
def valid_data_loader(datadir, csvfile, batch_size=10, mode='valid'):
    # 训练集读取时通过文件名来确定样本标签，验证集则通过 csvfile 来读取每个图片对应的标签
    # 请查看解压后的验证集标签数据，观察 csvfile 文件里面所包含的内容
    # csvfile 文件所包含的内容格式如下，每一行代表一个样本，
    # 其中第一列是图片 id，第二列是文件名，第三列是图片标签，
    # 第四列和第五列是 Fovea 的坐标，与分类任务无关
    # ID,imgName,Label,Fovea_X,Fovea_Y
    # 1,V0001.jpg,0,1157.74,1019.87
    # 2,V0002.jpg,1,1285.82,1080.47
    # 打开包含验证集标签的 csvfile，并读入其中的内容
    filelists = open(csvfile).readlines( )
    def reader( ):
        batch_imgs = [ ]
        batch_labels = [ ]
        for line in filelists[1:]:
            line = line.strip().split(',')
            name = line[1]
            label = int(line[2])
            # 根据图片文件名加载图片，并对图像数据作预处理
            filepath = os.path.join(datadir, name)
            img = cv2.imread(filepath)
            img = transform_img(img)
            # 每读取一个样本的数据，就将其放入数据列表中
            batch_imgs.append(img)
            batch_labels.append(label)
            if len(batch_imgs) == batch_size:
                # 当数据列表的长度等于 batch_size 的时候，
                # 把这些数据当作一个 mini-batch，并作为数据生成器的一个输出
                imgs_array = np.array(batch_imgs).astype('float32')
                labels_array = np.array(batch_labels).reshape(-1, 1)
                yield imgs_array, labels_array
                batch_imgs = [ ]
                batch_labels = [ ]

        if len(batch_imgs) > 0:
```

```
            # 剩余样本数目不足一个 batch_size 的数据，一起打包成一个 mini-batch
            imgs_array = np.array(batch_imgs).astype('float32')
            labels_array = np.array(batch_labels).reshape(-1, 1)
            yield imgs_array, labels_array

    return reader
import paddle
paddle.seed(100)
# 查看数据形状
DATADIR = '/home/aistudio/work/palm/PALM-Training400/PALM-Training400'
train_loader = data_loader(DATADIR,
                           batch_size=10, mode='train')
data_reader = train_loader( )
data = next(data_reader)
data[0].shape, data[1].shape

eval_loader = data_loader(DATADIR,
                          batch_size=10, mode='eval')
data_reader = eval_loader( )
data = next(data_reader)
data[0].shape, data[1].shape
((10, 3, 224, 224), (10, 1))
```

2. 模型构建

在了解 ResNet 模型结构的基础上，下面直接使用飞桨高层 API 中的 Resnet50 进行图像分类实验。

```
from paddle.vision.models import resnet50
model = resnet50( )
W0714 20:32:55.131 150    102 device_context.cc:447] Please NOTE: device: 0, GPU Compute Capability: 7.0, Driver API Version: 11.2, Runtime API Version: 10.1
W0714 20:32:55.136 173    102 device_context.cc:465] device: 0, cuDNN Version: 7.6.
```

3. 损失函数

模型训练过程中，损失函数用于量化预测值和真实值之间的差异程度。给定一个分类任务，y 表示样本 x 的标签的真实概率分布，向量 y^=p(y|x)表示预测的标签概率分布。训练的核心目标是使得 y^尽可能地接近 y，通常可以使用交叉熵损失函数。在给定 y 的情况下，预测的概率分布 y^与标签真实的分布 y 越接近，则交叉熵越小；随着两个分布差异的增大，交叉熵值将单调递增。

飞桨高层 API 中已经预先实现了交叉熵损失函数，开发者可以直接调用封装好的函数，代码如下所示。

```
import paddle.nn.functional as F
loss_fn = F.cross_entropy
```

4. 模型训练

使用交叉熵损失函数,并用 SGD 作为优化器来训练 ResNet 网络。

```
# -*- coding: utf-8 -*-
# LeNet 识别眼疾图片
import os
import random
import paddle
import numpy as np

class Runner(object):
    def __init__(self, model, optimizer, loss_fn):
        self.model = model
        self.optimizer = optimizer
        self.loss_fn = loss_fn

        # 记录全局最优指标
        self.best_acc = 0

    # 定义训练过程
    def train_pm(self, train_datadir, val_datadir, **kwargs):
        print('start training ... ')
        self.model.train( )

        num_epochs = kwargs.get('num_epochs', 0)
        csv_file = kwargs.get('csv_file', 0)
        save_path = kwargs.get("save_path", "/home/aistudio/output/")

        # 定义数据读取器,训练数据读取器
        train_loader = data_loader(train_datadir, batch_size=10, mode='train')

        for epoch in range(num_epochs):
            for batch_id, data in enumerate(train_loader( )):
                x_data, y_data = data
                img = paddle.to_tensor(x_data)
                label = paddle.to_tensor(y_data)
                # 运行模型前向计算,得到预测值
                logits = model(img)
                avg_loss = self.loss_fn(logits, label)

                if batch_id % 20 == 0:
```

```
                    print("epoch: {}, batch_id: {}, loss is: {:.4f}".format(epoch, batch_id, float(avg_loss.
numpy( ))))
                # 反向传播,更新权重,清除梯度
                avg_loss.backward( )
                self.optimizer.step( )
                self.optimizer.clear_grad( )

            acc = self.evaluate_pm(val_datadir, csv_file)
            self.model.train( )
            if acc > self.best_acc:
                self.save_model(save_path)
                self.best_acc = acc

    # 模型评估阶段,使用'paddle.no_grad( )'控制不计算和存储梯度
    @paddle.no_grad( )
    def evaluate_pm(self, val_datadir, csv_file):
        self.model.eval( )
        accuracies = [ ]
        losses = [ ]
        # 验证数据读取器
        valid_loader = valid_data_loader(val_datadir, csv_file)

        for batch_id, data in enumerate(valid_loader( )):
            x_data, y_data = data
            img = paddle.to_tensor(x_data)
            label = paddle.to_tensor(y_data)
            # 运行模型前向计算,得到预测值
            logits = self.model(img)
            # 多分类,使用 softmax 计算预测概率
            pred = F.softmax(logits)
            loss = self.loss_fn(pred, label)
            acc = paddle.metric.accuracy(pred, label)
            accuracies.append(acc.numpy( ))
            losses.append(loss.numpy( ))
        print("[validation] accuracy/loss: {:.4f}/{:.4f}".format(np.mean(accuracies), np.mean(losses)))
        return np.mean(accuracies)

    # 模型评估阶段,使用'paddle.no_grad( )'控制不计算和存储梯度
    @paddle.no_grad( )
    def predict_pm(self, x, **kwargs):
        # 将模型设置为评估模式
        self.model.eval( )
        # 运行模型前向计算,得到预测值
        logits = self.model(x)
```

```
        return logits

    def save_model(self, save_path):
        paddle.save(self.model.state_dict( ), save_path + 'palm.pdparams')
        paddle.save(self.optimizer.state_dict( ), save_path + 'palm.pdopt')

    def load_model(self, model_path):
        model_state_dict = paddle.load(model_path)
        self.model.set_state_dict(model_state_dict)
```

创建一个 Runner 类的实例对象，并将训练相关的参数配置传递给该对象，代码实现如下。

```
# 开启 0 号 GPU 训练
use_gpu = True
paddle.device.set_device('gpu:0') if use_gpu else paddle.device.set_device('cpu')

# 定义优化器
# opt = paddle.optimizer.Momentum(learning_rate=0.001, momentum=0.9, parameters=model.parameters(),
weight_decay=0.001)
opt = paddle.optimizer.SGD(learning_rate=0.001, parameters=model.parameters())

runner = Runner(model, opt, loss_fn)
```

用 Runner 在训练集上训练 5 个 epoch，并将准确率最高的模型作为最佳模型。

```
import os
# 数据集路径
DATADIR = '/home/aistudio/work/palm/PALM-Training400/PALM-Training400'
DATADIR2 = '/home/aistudio/work/palm/PALM-Validation400'
CSVFILE = '/home/aistudio/labels.csv'
# 设置迭代轮数
EPOCH_NUM = 5
# 模型保存路径
PATH='/home/aistudio/output/'
if not os.path.exists(PATH):
    os.makedirs(PATH)
# 启动训练过程
runner.train_pm(DATADIR, DATADIR2,
                num_epochs=EPOCH_NUM, csv_file=CSVFILE, save_path=PATH)
start training ...
epoch: 0, batch_id: 0, loss is: 0.328 7
epoch: 0, batch_id: 20, loss is: 0.071 6
[validation] accuracy/loss: 0.962 5/5.981 8
```

```
/opt/conda/envs/python35-paddle120-env/lib/python3.7/site-packages/paddle/framework/io.py:729: UserWarning: The input state dict is empty, no need to save.
  warnings.warn("The input state dict is empty, no need to save.")
epoch: 1, batch_id: 0, loss is: 0.128 6
epoch: 1, batch_id: 20, loss is: 0.471 8
[validation] accuracy/loss: 0.965 0/5.982 4
epoch: 2, batch_id: 0, loss is: 0.089 2
epoch: 2, batch_id: 20, loss is: 0.031 3
[validation] accuracy/loss: 0.962 5/5.980 1
epoch: 3, batch_id: 0, loss is: 0.136 2
epoch: 3, batch_id: 20, loss is: 0.056 9
[validation] accuracy/loss: 0.962 5/5.974 6
epoch: 4, batch_id: 0, loss is: 0.103 6
epoch: 4, batch_id: 20, loss is: 0.087 3
[validation] accuracy/loss: 0.957 5/5.985 6
```

实验结果表明，在眼疾筛查数据集 iChallenge-PM 上，基于 ResNet 的模型仅经过 5 个 epochs，即可在验证集上达到 95%的准确率。

5. 模型评估

使用测试数据对在训练过程中保存的最佳模型进行评价，观察模型在评估集上的准确率。代码实现如下。

```
# 加载最优模型
runner.load_model('/home/aistudio/output/palm.pdparams')
# 模型评价
score = runner.evaluate_pm(DATADIR2, CSVFILE)
[validation] accuracy/loss: 0.972 5/5.959 1
```

6. 模型预测

也可以使用保存好的模型对测试集中的某一个数据进行模型预测，观察模型效果。代码实现如下。

```
import cv2
from PIL import Image
import matplotlib.pyplot as plt

import paddle
import paddle.nn.functional as F
%matplotlib inline

# 加载最优模型
runner.load_model('/home/aistudio/output/palm.pdparams')
```

```
# 获取测试集中第一条数据
DATADIRv2 = '/home/aistudio/work/palm/PALM-Validation400'
filelists = open('/home/aistudio/labels.csv').readlines()
# 可以通过修改 filelists 列表的数字获取其他测试图片,可取值 1-400
line = filelists[1].strip().split(',')
name, label = line[1], int(line[2])

# 读取测试图片
img = cv2.imread(os.path.join(DATADIRv2, name))
# 测试图片预处理
trans_img = transform_img(img)
unsqueeze_img = paddle.unsqueeze(paddle.to_tensor(trans_img), axis=0)

# 模型预测
logits = runner.predict_pm(unsqueeze_img)
result=F.softmax(logits)
pred_class = paddle.argmax(result).numpy()

# 输出真实类别与预测类别
print("The true category is {} and the predicted category is {}".format(label, pred_class))

# 图片可视化
show_img = Image.fromarray(cv2.cvtColor(img, cv2.COLOR_BGR2RGB))
plt.imshow(show_img)
plt.show()
The true category is 0 and the predicted category is [0]
```

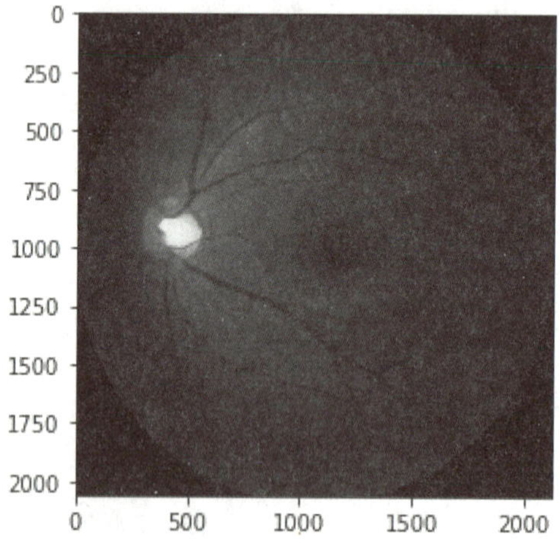


```
<Figure size 432x288 with 1 Axes>
```

四、总结与思考

1. 项目总结

本项目基于 ResNet 架构实现了眼疾自动识别任务。实验结果表明，该模型在 iChallenge-PM 验证集上的分类准确率达到 95%，验证了深度学习在医学图像分析中的有效性。通过学习本项目，读者可以掌握计算机视觉任务的标准构建流程，包括数据预处理、模型训练与验证等关键环节。

2. 项目思考

（1）为什么医疗图像分类需要特别注意数据预处理？

（2）ResNet 的残差块如何提升模型训练效率？

项目实训 3　　**项目实训 4**

参考文献

References

[1] 周飞燕,金林鹏,董军. 卷积神经网络研究综述[J]. 计算机学报,2017,40(6):1229-1251.

[2] 邱锡鹏. 神经网络与深度学习[M]. 北京:机械工业出版社,2021.

[3] 张顺,龚怡宏,王进军. 深度卷积神经网络的发展及其在计算机视觉领域的应用[J]. 计算机学报,2019,42(3):453-482.

[4] 腾讯研究院,中国信息通信研究院互联网法律研究中心,腾讯 AI Lab,等. 人工智能:国家人工智能战略行动抓手[M]. 北京:中国人民大学出版社,2017.

[5] 许德刚,王露,李凡. 深度学习的典型目标检测算法研究综述[J]. 计算机工程与应用,2021,57(8):10-25.

[6] 祝智庭,胡姣. 教育数字化转型的实践逻辑与发展机遇[J]. 电化教育研究,2022,43(1):5-15.

[7] 飞桨. 图像分类 ResNet 实战:眼疾识别[EB/OL]. [2024-12-18].https://www.paddlepaddle.org.cn/tutorials/projectdetail/3493104.

[8] 飞桨. 基于 EdgeBoard 部署的圈围晒盐的智能辅助系统[EB/OL].(2021-07-17)[2024-12-24].https://aistudio.baidu.com/projectdetail/2196524.